放大后的**微观世界**

FANGDAHOUDE
WEIGUANSHIJIE

吴波◎编著

集知识、故事、欣赏于一体！
生物爱好者必备！

完全
典藏版
探索生物密码

中国出版集团
现代出版社

图书在版编目（CIP）数据

放大后的微观世界 / 吴波编著 . —北京：现代出
版社，2013.1（2024.12重印）
（探索生物密码）
ISBN 978 – 7 – 5143 – 1032 – 0

Ⅰ . ①放… Ⅱ . ①吴… Ⅲ . ①微生物 – 青年读物②微
生物 – 少年读物 Ⅳ . ①Q93 – 49

中国版本图书馆 CIP 数据核字（2012）第292919号

放大后的微观世界

编　著	吴　波
责任编辑	张　晶
出版发行	现代出版社
地　址	北京市朝阳区安外安华里 504 号
邮政编码	100011
电　话	010 – 64267325　010 – 64245264（兼传真）
网　址	www. xdcbs. com
电子信箱	xiandai@ cnpitc. com. cn
印　刷	唐山富达印务有限公司
开　本	710mm × 1000mm　1/16
印　张	12
版　次	2013 年 1 月第 1 版　2024 年 12 月第 4 次印刷
书　号	ISBN 978 – 7 – 5143 – 1032 – 0
定　价	57.00 元

前　言

　　微生物的世界，通常为人们所忽略，它们是人类用肉眼无法观测到的。因为它们非常小，必须通过显微镜放大约 1 000 倍才能看到。比如，中等大小的细菌，1 000 个叠加在一起才只有句号那么大。想象一下，每毫升腐败的牛奶中约有 5 000 万个细菌，这是多么庞大的数字。

　　微生物对人类的影响是非常大的。其中，最重要的影响之一是导致传染病的流行，在那些流行的疾病中，大约有一半都是由病毒引起的。据权威机构的调查显示，传染病的发病率和死亡率在所有疾病中占据第一位。

　　微生物是千姿百态的，它们不单单有对人类有害的一面，也有有益的一面。它们可用来生产食品，如奶酪、面包、泡菜、啤酒和葡萄酒等。科学家弗莱明从青霉菌抑制其他细菌生长的现象中发现了青霉素，这对医药界来讲是一个划时代的创举。正是有了弗莱明的发现，才使得大量的抗生素从放线菌等的代谢产物中筛选出来。抗生素的使用，在第二次世界大战中挽救了无数人的生命。这不能不说是微生物创造的奇迹。

　　在本书中，着重介绍了几大类微生物，把它们本来的面貌呈现给读者。同时，把它们在显微镜下的状态，全方位地描述出来。希望通过阅读本书，能让读者对微生物的世界，有一个大概的了解。

目 录

奇妙的微生物

种类众多的细菌家族

显微镜下的真菌

叫人不寒而栗的病毒

微小的原生动物

能吃的微生物

奇妙的微生物

　　微生物是世界上最大的族群，它们分布广泛，种类繁多。虽然我们不能凭借肉眼发现它们，但是这并不妨碍它们存在于我们的世界中，它们小得只能用显微镜发现它们。它们存在于人和动物的皮肤上，口腔里，甚至肠胃道里。

　　人和动物都生活在微生物的包裹之中。它们可以分为细菌、真菌、病毒等种类。其中，在微生物中，细菌的数量是最多的，它们以其庞大的家族稳居微生物中一哥地位。

　　病毒，是人和动物致病的罪魁祸首，世界有了它们的存在，便多了几分危险。

　　真菌，人类用于发酵的酵母和霉菌也属于真菌家族。

　　原生动物，它们是微生物界中体型最"庞大"的一族了，它们通常寄生在人和动物的体内，过着懒惰的寄生生活。

什么是微生物

　　微生物是指大量的、极其多样的、要借助显微镜才能看见的微小生物类群的总称。因此，微生物通常包括病毒、亚病毒（类病毒、拟病毒、朊病毒），具原核细胞结构的真细菌、古生菌以及具真核细胞结构的真菌（酵母、真菌等）、原生动物和单细胞藻类。

　　一般来说微生物可以认为是相当简单的生物，大多数的细菌、原生动物、某些藻类和真菌是单细胞的微生物。病毒甚至没有完整的细胞结构，只有蛋白质外壳包围着遗传物质，且不能独立存活。

　　微生物在地球上已经存在几十亿年了，科学家有理由相信，它们可能和生命起源有关，对它们进行研究也许能带来有关地外生命的启示。在地球生命起源的时候，从有生命现象的单细胞生物到多细胞生物，微生物可能参与了其中复杂的生物化学反应，甚至本身就进化成为多细胞生物的一部分，例如植物细胞中的用于光合作用的叶绿体，在形态和光合作用的机能方面，都与光合自养的细菌和单细胞藻类相似。科学家推断，在漫长的进化中，这些古老的细菌和藻类被较大的生物体所捕获，融入到细胞中，共同进化成了细胞中的某些细胞器，继续发挥这些生理功能。

微生物

　　微生物种类繁多。迄今为止，我们所知道的微生物约有 10 万种，有人估计目前已知的种数只占地球上实际存在的微生物总数的 20%，微生物很可能是地球上物种最多的一类。微生物资源是极其丰富的，但在人类生产和生活中仅开发利用了已发现微生物种数的 1%。

　　在地球上一些特殊的环境，如水压高达 1 140 个大气压的太平洋海底、炎热的赤道海域、寒冷的南极冰川、高盐度的死海和各类强酸和强碱性环境，普通生物是难以生存的，而微生物却能

显微镜下的微生物

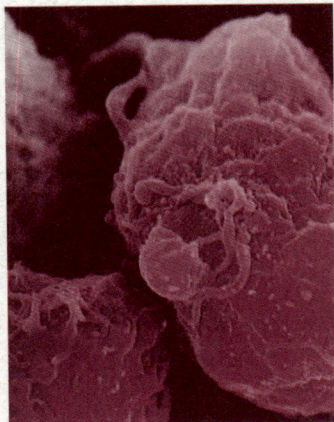

繁衍下去。科学家相信，生命有可能就是从这些极端环境中诞生的。

知识点

光合作用

光合作用是绿色植物和藻类利用叶绿素等光合色素和某些细菌（如带紫膜的嗜盐古菌）利用其细胞本身，在可见光的照射下，将二氧化碳和水（细菌为硫化氢和水）转化为有机物，并释放出氧气（细菌释放氢气）的生化过程。植物之所以被称为食物链的生产者，是因为它们能够通过光合作用利用无机物生产有机物并且贮存能量。通过食用，食物链的消费者可以吸收到植物及细菌所贮存的能量，效率为 10% ~ 20% 左右。对于生物界的几乎所有生物来说，这个过程是它们赖以生存的关键。而地球上的碳氧循环，光合作用是必不可少的。

延伸阅读

最大和最小的微生物

目前世界上已知最大的微生物：一种生长于红海水域中的热带鱼的小肠管道中的微生物，这是当时世界上所发现最大的微生物。它外形酷似雪茄烟，长约 200 ~ 500 微米，最长可达 600 微米，体积约为大肠杆菌的 100 万倍，这种微生物并不需由显微镜观察便可直接由肉眼察觉到它的存在。目前最大的微生物则是 1997 年在纳米比亚海岸海洋沉淀物中所发现的呈球状的细菌，直径约 100 ~ 750 微米。这比之前所提的微生物大上 100 倍。

目前世界上已知最小的微生物：支原体，过去也译成"霉形体"，它是一类介于细菌和病毒之间的单细胞微生物。地球上已知的能独立生活的最小微生物，大小约为 100 纳米。支原体一般都是寄生生物，其中最有名的当属肺炎支原体（M. *Pneumonia*），它能引起哺乳动物特别是牛的呼吸器官发生严重病变。

微生物的基本概况

微生物的特点

（1）微生物通常个体微小，结构简单。在形态上，个体微小，肉眼看不见，需用显微镜观察，细胞大小以微米或纳米计量。

（2）一般的微生物繁殖的快，生长的也快，在实验室培养条件下细菌可在几十分钟至几小时内繁殖一代。

（3）分布广泛。有高等生物的地方均有微生物生活，动植物不能生活的极端环境也有微生物存在。

（4）数量多。在局部环境中数量众多，如每克土壤含微生物几千万至几亿个。

（5）易变异。相对于高等生物而言，较容易发生变异。

在所有生物类群中，已知微生物种类的数量仅次于被子植物和昆虫。微生物种内的遗传多样性非常丰富，所以微生物是很好的研究对象，具有广泛的用途。

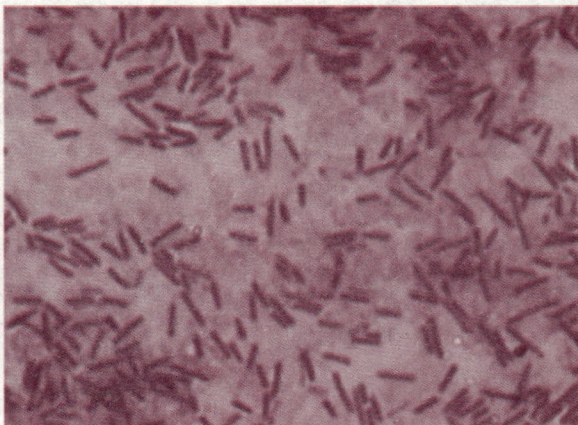

挤挤挨挨的微生物

微生物的种类

（1）非细胞型微生物。个体极微小，不具细胞结构，能通过细菌滤器，只含有一类核酸（DNA 或 RNA）。只能在活细胞中生长繁殖，如病毒。

（2）原核细胞型微生物。仅有原始核，无核膜、核仁等结构，缺乏细胞器，同时含有两类核酸（DNA和RNA），如细菌、立克次体、支原体、螺旋体、衣原体和放线菌。

（3）真核细胞型微生物。有分化程度较高的细胞核，具有核膜、核仁等结构，有一完整细胞器，同时含有两类核酸（DNA和RNA），如真菌。

微生物分子

微生物的命名

微生物的命名是采用生物学中的二名法，即用两个拉丁字命名一个微生物的种。这个种的名称是由一个属名和一个种名组成。属名和种名都用斜体字表达，属名在前，用拉丁文名词表示，第一个字母大写。种名在后，用拉丁文的形容词表示，第一个字母小写。

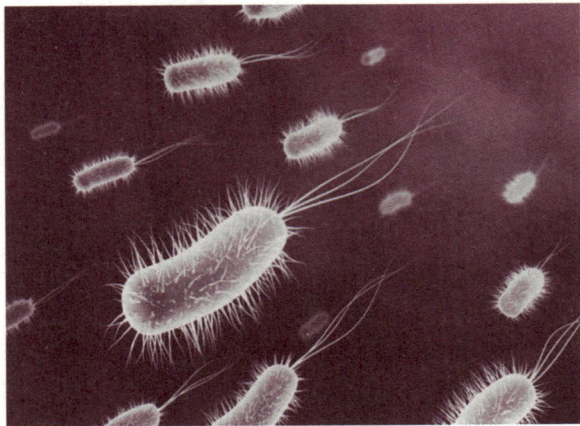

浑身长着毛刺的微生物

如大肠埃希杆菌的名称是 *Escherichia coli*。为了避免同物异名或同名异物，在微生物名称之后缀有命名人的姓，如：大肠埃希杆菌 *Escherichia coli Castellani and Chalmers*、浮游球衣菌 *Sphaerotilus natans Kiuzing*、枯草芽孢杆菌 *Bacillus subtilis*。

知识点

被子植物

被子植物又名绿色开花植物，在分类学上常称为被子植物门。是植物界最高级的一类，是地球上最完善、适应能力最强、出现得最晚的植物，自新生代以来，它们在地球上占着绝对优势。现知被子植物共有1万多属，约20多万种，占植物界的一半。现在，中国有被子植物2 700多属，约3万种。被子植物能有如此众多的种类，有极其广泛的适应性，这和它的结构复杂化、完善化分不开的，特别是繁殖器官的结构和生殖过程的特点，提供了它适应、抵御各种环境的内在条件，使它在生存竞争、自然选择的矛盾斗争过程中，不断产生新的变异，产生新的物种。

延伸阅读

地下微生物

1989年，美国几所大学和能源部的一些专家，在南卡罗来纳州进行调查时，发现了一个"全新的生态系统"。他们在550米的地表下发现了3 000多种微生物组织，其中有许多属首次发现。

这些微生物，大多数是从地下水里吸收氧气，而另一些则不需要氧气就能生存。这些微生物吸收养料少，新陈代谢缓慢，它们的生存就像一些地表动物冬眠一样。

对它们的研究是未来微生物研究的重要课题。

微生物的营养来源

微生物从生活的外部环境中不断吸取所需要的各种营养物质，合成本身的细胞物质，并提供生理活动所需要的能量，保证机体进行正常的生长与繁殖，同时将代谢活动产生的废物排出体外。

构成微生物细胞的化学成分分为有机物和无机物两种。有机物为蛋白质、核酸、脂类、糖类等大分子，还有它们的降解产物和代谢产物，占细胞干重的99%；无机物包括水和无机盐，水占细胞质量的70%~90%，无机盐占细胞干重的1%。

构成微生物细胞的化学元素为 C、H、O、N、P、S、K、Na、Mg、Ca、Fe、Mn、Cu、Co、Zn、Mo 等。其中 C、H、O、N、P、S 六种元素占微生物细胞干重的97%，为大量元素，其他元素为微量元素。微生物细胞化学元素组成的比例常因微生物种类的不同而不同，也常因菌龄和营养条件不同而发生变化。

微生物的营养物质

能够满足微生物机体生长、繁殖和各种生理活动需要的物质称为微生物的营养物质。组成微生物细胞的各种化学元素来自微生物所需要的营养物质，即微生物的营养物质应该包含组成细胞的各种化学元素。

微生物获得和利用营养物质的过程称为营养。

微生物的营养物质按其在机体中的生理作用不同可以分为碳、氮、无机盐、生长因子和水五大类。

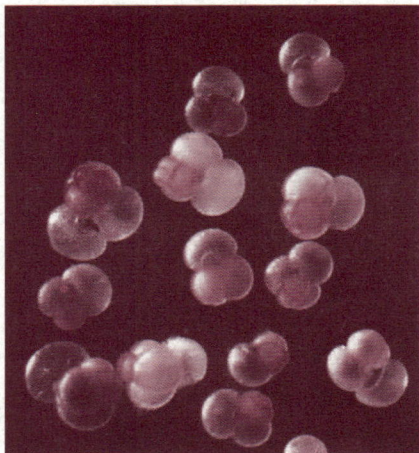

海洋中的微生物

微生物的营养类型

根据微生物生长所需要的碳源物质，可以将微生物分为自养型和异养型两类，自养型微生物以复杂的有机物作为碳源，异养型微生物能够以简单的无机物，如 CO_2 作为碳源。

根据微生物生长所需要的能源可以将微生物分为光能型和化能型两类，光能型微生物由光提供能源，化能型微生物利用物质氧化过程所放出的化学能作为能源进行生长。

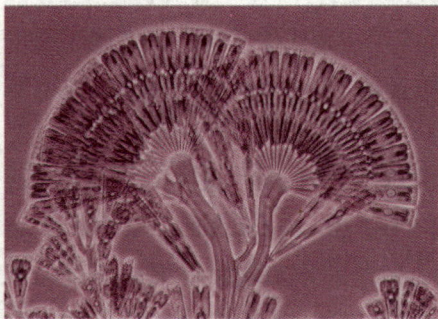

扇形的微生物

实际上，根据碳源、能源的不同，常将微生物分为光能自养型、光能异养型、化能自养型及化能异养型四种类型。

目前已知的大多数细菌、真菌、原生动物都是化能异养型微生物。所有致病微生物也都属于化能异养型。根据化能异养型微生物利用的有机物性质的不同，又可分为腐生型和寄生型两类，腐生型可利用无生命的有机物（如动植物尸体）作为碳源，寄生型则必须寄生在活的寄主机体内吸取营养物质，离开寄主就不能生存。在腐生型和寄生型之间还存在兼性腐生型和兼性寄生型等中间类型。

知识点

无机盐

无机盐，即无机化合物中的盐类，旧称矿物质，在生物细胞内一般只占鲜重的 $1\% \sim 15\%$，目前人体已经发现 20 余种，其中大量元素有钙、磷、钾、硫、钠、氯、镁，微量元素有铁、锌、硒、钼、氟、铬、钴、碘等。虽然无机盐在细胞、人体中的含量很低，但是作用非常大。

延伸阅读

植物营养学

植物营养学的主要任务，是阐明植物体与外界环境之间营养物质交换和能量交换的具体过程，以及内营养物质运输、分配和能量转化的规律，并在此基础上通过施用合理肥料的手段为植物提供充足的养分，创造良好的营养环境，或通过改良植物遗传特性的手段来调节植物体的代谢，提高植物营养效率，从而达到提高作物产量和改善产品品质的目的。

微生物对污染物的降解与转化

生物降解是微生物（也包括其他生物）对物质（特别是环境污染物）的分解作用。生物降解和传统的分解在本质上是一样的，但又有分解作用所没有的新的特征（如共代谢、降解质粒等），因此可视为分解作用的扩展和延伸。生物降解是生态系统物质循环过程中的重要一环。研究难降解污染物的降解是当前生物降解的主要课题。

污染物的生物降解反应和其他生物反应本质上都是酶促反应，降解过程中大部分降解酶是由染色体编码的，但其中有些酶，特别是降解难降解化合物的酶类是由质粒控制的，这类质粒被称为降解性质粒。细菌中的降解

酶

性质粒和分离的细菌所处环境污染程度密切相关。

发生在自然界的有机物的氧化分解过程也表现于污染物的降解，主要包括氧化反应、还原反应、水解反应和聚合反应。塑料薄膜因分子体积过大而抗降解，造成白色污染。

环境污染中所说的重金属一般指汞、镉、铬、铅、砷、银、硒、锡等。微生物可以改变重金属在环境中的存在状态，会使化学物毒性增强，引起严重环境问题，还可以浓缩重金属，并通过食物链积累。另一方面微生物通过直接作用和间接作用也可以去除环境中的重金属，有助于改善环境。

污染介质的微生物处理

人类生产和生活活动中产生的污水（废水）、废气及固体废弃物都可以用生物方法进行处理。

微生物处理污水过程的本质是微生物代谢污水中的有机物，并作为营养物取得能量而生长繁殖的过程，这和一般的微生物培养过程是相同的。

固体废弃物处理与资源化技术

利用微生物分解固体废弃物中的有机物，从而实现其无害化和资源化，是处理固体废弃物的有效而经济的技术方法。它包括堆肥化处理、生态工程处理法、废纤维糖化、废纤维饲料化等。

气态污染物的生物处理

气态污染物的生物处理技术是生物降解污染物的新应用。生物处理气态污染物的原理与污水处理是一致的，本质上是对污染物的生物降解与转化。

污染环境的生物修复

生物修复是微生物催化降解有机污染物，转化其他污染物从而消除污染的一个受控或自发进行的过程。生物修复基础是发生在生态环境中微生物对有机污染物的降解作用。目前生物修复技术主要用于土壤、水体（包括地下水）、海滩的污染治理以及固体废弃物的处理。

主要的污染物是石油烃及各种有毒有害难降解的有机污染物。

知识点

微生物污染

微生物污染，是指由细菌与细菌毒素、真菌与真菌毒素和病毒造成的动物性食品的生物性污染。

常见形态为空气的微生物污染和水的微生物污染。空气虽然不是微生物产生和生长的自然环境，没有细菌和其他形式的微生物生长所需要的足够的水分和可利用的养料，但由于人们的生产和生活活动，使空气中可存在某些微生物，包括一些病原微生物如结核杆菌、白喉杆菌、金葡菌、流感病毒、麻疹病毒等，可成为空气传播疾病的病原。

延伸阅读

大气污染对人类的伤害

人需要呼吸空气以维持生命。一个成年人每天呼吸 2 万多次，吸入空气达 15～20 立方米。因此，被污染了的空气对人体健康有直接的影响。

大气污染物对人体的危害是多方面的，主要表现是呼吸道疾病与生理功能障碍，以及眼鼻等黏膜组织受到刺激而患病。

例如，1952 年 12 月 5—8 日英国伦敦发生的煤烟雾事件死亡 4 000 人。人们把这个灾难的烟雾称为"杀人的烟雾"。据分析，这是因为那几天伦敦无风有雾，工厂烟囱和居民取暖排出的废气烟尘弥漫在伦敦市区经久不散，烟尘最高浓度达 4.46 毫克/立方米，二氧化硫的日平均浓度竟达到 3.83 毫升/立方米。二氧化硫经过某种化学反应，生成硫酸液滴附着在烟尘上或凝聚在雾滴上，随呼吸进入器官，使人发病或加速慢性病患者的死亡。这也就是所谓的光化学污染。

由上例可知，大气中污染物的浓度很高时，会造成急性污染中毒，或使病状恶化，甚至在几天内夺去几千人的生命。其实，即使大气中污染物浓度不高，但人体成年累月呼吸这种污染了的空气，也会引起慢性支气管炎、支气管哮喘、肺气肿及肺癌等疾病。

显微镜下的微生物

微生物与人类生活密不可分。微生物的代谢物可以作为药物、营养品，同时微生物也可使药物、食物变质；利用微生物抗菌试验可以确定药物的抗菌谱及抗菌能力，同时检查药物微生物污染是药物质量监控必要方法之一；微生物是自然界的清道夫，是维持生态平衡的纽带，是生物修复的主要参与者；微生物还可以作为微生物农药，具有广阔的应用前景。

除一部分微生物能引起人类及动物、植物的病害，给人类带来灾难，或引起药物、食物等变质外，大部分微生物对人类是有益的。这些有益的微生物在物质循环方面起着重要作用；还有许多微生物已被应用于食品加工业、工农业和环保中，特别是应用于制药工业中。

人类已经发现许多微生物菌体本身或它的代谢产物具有防病、治病等功能，因此把它们制备微生物药物用于医疗。应该指出的是，目前已应用的微生物药物与微生物及其代谢产物的种类相比，只占极小的比例，因而来自微生物药物的研究与开发还有很大的潜力。

自然界中微生物的多样性及其代谢产物的多样性，为人们提供了发现新药的不竭源泉。

人类认识微生物的历史久远，但从人类认识到微生物作为新药发现的重要"源泉"，从而有目的地从微生物次级代谢产物中发现新药的历史，至今不到100 年。

所谓微生物次级代谢产物，是指在微生物生命活动过程中产生的极其微量的、对微生物本身的生命活动没有明显作用，而对其他生物体往往具有不同的生理活性作用的一类物质。

人们主要通过不同的分离培养技术，让不同来源的细菌、放线菌和真菌产生多种多样的次级代谢产物，然后再通过各种筛选技术和分析检测技术，寻找、发现其中新的具有各种生理活性的次级代谢产物。这些小分子次级代谢产物往往用化学方法难以合成，或即使能

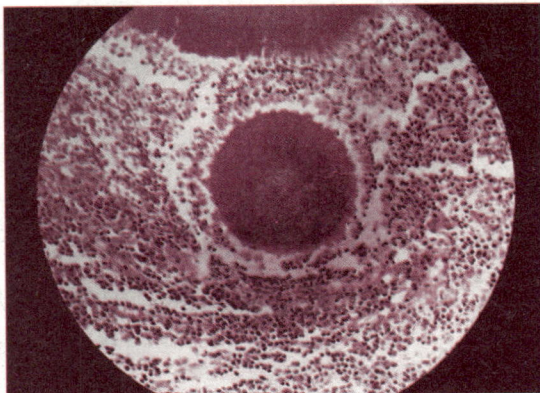

圆形的放线菌

够在实验室得以合成也较难以实现产业化。将这些小分子物质作为先导化合物，再通过化学等修饰方法，即可得到具有应用价值的药物，即微生物药物。

微生物产生的次级代谢产物具有各种不同的生物活性，如人们熟悉的抗生素就是具有抗感染、抗肿瘤作用的微生物次级代谢产物。维生素、氨基酸也是较常用的由微生物产生的次级代谢产物。随着生命科学的发展，人们不仅阐明了某些疾病发生的分子基础以及药物的作用机制，而且能够将其作为分子作用靶，在体外建立各种药物筛选模型，从而大大地提高了从微生物中获得各种新药的可能性。

微生物的作用：

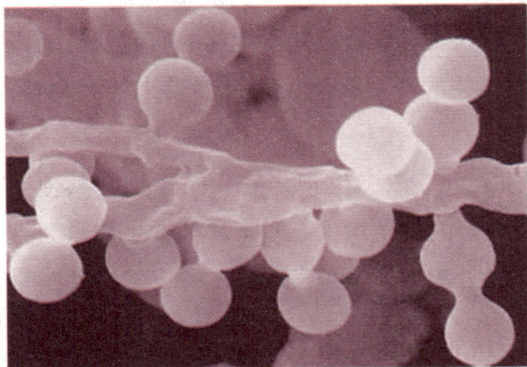

游动的放线菌

（1）继续采用微生物作为生命科学的研究材料。

（2）微生物生产与动物生产、植物生产并列为生物产业的三大支柱。

（3）在工业中利用微生物来生产许多产品，如各种生物活性物质（抗生素等）、化工原料（酒精等）等。

（4）微生物在农业生产中也

有着多方面的作用。

（5）微生物在食品加工中有广泛用途，发酵食品和许多调味品都离不开微生物。

（6）微生物是消除污染、净化环境的重要手段。

（7）在新兴的生物技术产业中，微生物的作用更是不可替代。作为基因工程的外源 DNA 载体，不是微生物本身（如噬菌体），就是微生物细胞中的质粒，被用作切割与拼接基因的工具酶，绝大多数来自各种微生物。由于微生物生长繁殖快、培养条件较简单容易，当今大量的基因工程产品主要是以微生物作为受体而进行生产，尤其是大肠杆菌、枯草芽孢杆菌和酿酒酵母。借助微生物发酵法，人们已能生产外源蛋白质药物（如人胰岛素和干扰素等）。

尽管基因工程所采用的外源基因可以来自动植物，但由于微生物生理代谢类型的多样性，因而它们是最丰富的外源基因供体。

（8）与高等动植物相比，已知微生物种类只是估计存在数量的很小一部分。哺乳动物和鸟类的物种几乎全部为人们所掌握，被子植物已知种类达 93%，但细菌已知种数仅为估计数的 12%，真菌为 5%，病毒为 4%。目前研究的也只是已知种类的很少一部分。既然对少数已知微生物的研究就已为人类做出了重要贡献，通过对多样性微生物的开发必然会为社会带来巨大利益，微生物学事业方兴未艾。

基　因

（9）微生物基因组学研究将全面展开，以微生物之间、微生物与其他生物、微生物与环境的相互作用为主要内容的微生物生态学、环境微生物学、细胞微生物学将基因组信息在基础研究之上获得了长足发展。

知识点

显微镜

显微镜是人类这个时期最伟大的发明物之一。在它发明出来之前，人类关于周围世界的观念局限在用肉眼，或者靠手持透镜帮助肉眼所看到的东西。

显微镜把一个全新的世界展现在人类的视野里。人们第一次看到了数以百计的"新的"微小动物和植物，以及从人体到植物纤维等各种东西的内部构造。显微镜还有助于科学家发现新物种，有助于医生治疗疾病。

最早的显微镜是16世纪末期在荷兰制造出来的。发明者可能是一个叫作札恰里斯·詹森的荷兰眼镜商，或者是另一位荷兰科学家汉斯·利珀希，他们用两片透镜制作了简易的显微镜，但并没有用这些仪器做过任何重要的观察。

后来有两个人开始在科学上使用显微镜。第一个人是意大利科学家伽利略。他通过显微镜观察到一种昆虫后，第一次对它的复眼进行了描述。第二个人是荷兰亚麻织品商人安东尼·凡·列文虎克（1632—1723），他自己学会了磨制透镜。他第一次描述了许多肉眼所看不见的微小植物和动物。

1931年，恩斯特·鲁斯卡通过研制电子显微镜，使生物学发生了一场革命。这使得科学家能观察到像百万分之一毫米那样小的物体。1986年他获得诺贝尔奖。

延伸阅读

超声波扫描显微镜

超声波扫描显微镜的特点，在于能够精确地反映出声波和微小样品的弹性介质之间的相互作用，并对从样品内部反馈回来的信号进行分析。图像上的每一个像素对应着从样品内某一特定深度的一个二维空间坐标点上的信号反馈，具有良好聚焦功能的传感器，同时能够发射和接收声波信号。

一副完整的图像就是这样逐点逐行地对样品扫描而成的。反射回来的超声波被附加了一个正的或负的振幅，这样就可以用信号传输的时间反映样品的深度。用屏幕上的数字波形展示出接收到的反馈信息。设置相应的门电路，用这种定量的时间差测量（反馈时间显示），就可以选择您所要观察的样品深度。

微生物是监测环境的小功臣

生态环境中的微生物是环境污染的直接承受者，环境状况的任何变化都对微生物群落结构和生态功能产生影响，因此可以用微生物检测环境污染状况。由于微生物易变异，抗性强，微生物作为环境污染的指示物在应用上不及动物和植物广泛而规范。但微生物的某些独有的特性，使微生物在环境监测中起着特殊的作用。

粪便污染指示菌

粪便中肠道病原菌对水体的污染是引起霍乱、伤寒等流行病的主要原因。总大肠菌群是最基本的粪便污染指示菌，是最常用的水质指标之一。

致突变物的微生物检测

环境污染物的遗传学效应主要表现在污染物的致突变作用，致突变作用是致癌和致畸的根本原因。微生物生长快的特点正适合这种要求，微生物监测被公认是对致突变物最好的初步检测方法。

发光细菌检测法

发光细菌发光是菌体生理代谢正常的一种表现，这类菌在生长对数期发光能力极强。当环境条件不良或有毒物质存在时，菌的发光能力会受到影响而减弱，其减弱程度与毒物的毒性大小和浓度成一定的比例关系。通过灵敏的光电测定装置，检查在毒物作用下发光菌的发光强度变化可以评价待测物的毒性。

硝化细菌的相对代谢率试验

硝化细菌是把铵离子在好氧条件下，氧化成硝酸根的硝化作用，在生态系统的氮循环中有重要作用，这个过程只有微生物才能进行。用测定硝化细菌相对代谢率的方法检测水及土壤中的有毒物，并以此评判水体、土壤环境及环境污染物的生物毒性，这对于宏观生态环境健康程度的评价有重要意义。

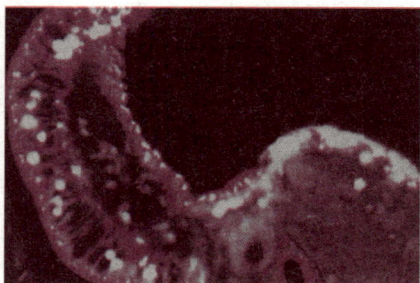

发光细菌

知识点

指示菌

指示菌，指对某种特定的噬菌体有敏感性的细菌。用这种细菌将该噬菌体与另外的噬菌体相区别，或是用它来测定噬菌体的粒子数。例如，B/2 是噬菌体 T2h＋的抗性菌，但却容许该噬菌体寄主区突变株 T2h 的增殖。指示菌 B 则两种噬菌体都可以增殖。如果将此两种噬菌体的悬浮液适当稀释，并分别以 B 和 B/2 作为指示菌进行分辨，则 B 所产生的溶菌斑数表示整个噬菌体量；而 B/2 所产生的噬菌体数只表示 T2h 的量。此外，如果将大致等量的 B 和 B/2 混合作为指示菌，而 T2b＋因 B 能增殖 B/2 不能增殖，而形成混浊的噬菌斑，另一方面由于 T2h 任何菌都可以增殖而形成透明的噬菌斑。因此，可以分别测定 T2h＋和 T2h。把两种菌混合作为指示菌时，称为混合指示菌。

FANGDAHOU DE WEIGUAN SHIJIE

延伸阅读

环境污染的危害

环境污染会给生态系统造成直接的破坏和影响，比如：沙漠化、森林破坏，也会给人类社会造成间接的危害，有时这种间接的环境效应的危害比当时造成的直接危害更大，也更难消除。例如，温室效应、酸雨和臭氧层破坏就是由大气污染衍生出的环境效应。这种由环境污染衍生的环境效应具有滞后性，往往在污染发生的当时不易被察觉或预料到，然而一旦发生就表示环境污染已经发展到相当严重的地步。当然，环境污染的最直接、最容易被人所感受的后果是使人类环境的质量下降，影响人类的生活质量、身体健康和生产活动。例如城市的空气污染造成空气污浊，人们的发病率上升等等；水污染使水环境质量恶化，饮用水源的质量普遍下降，威胁人的身体健康，引起胎儿早产或畸形等等。严重的污染事件不仅带来健康问题，也造成社会问题。随着污染的加剧和人们环境意识的提高，由于污染引起的人群纠纷和冲突逐年增加。

目前在全球范围内都不同程度地出现了环境污染问题，具有全球影响的方面有大气环境污染、海洋污染、城市环境问题等。随着经济和贸易的全球化，环境污染也日益呈现国际化趋势，近年来出现的危险废物越境转移问题就是这方面的突出表现。

种类众多的细菌家族

细菌，有广义和狭义之分。广义上的细菌是原核生物，是指一些细胞核外围没有核膜包裹，只存在于叫作拟核区的裸露 DNA 的原始单细胞生物，其中，广义上的细菌包括真细菌和古生菌两大类群。

生活中，人们常说的细菌即指狭义的细菌。狭义上的细菌，可以归类于原核微生物中，它们是一类形状细短，结构简单，多用二分裂方式进行生命繁殖的原核生物，同时，也是自然界中分布最广、数量最为庞大的有机体，是大自然物质循环的主要参与者。

自然界中存在的数目众多的细菌，它们之中有对人类有益的，更有对人类有害的，其中，结核菌、溶血性链球菌等致病菌，多引起人和动物的疾病。所以，我们也要辩证地看待这些细菌：对人类有益的，我们就可以加以利用；对人类有害的，要坚决抵制、消灭。

结核菌

结核菌即结核杆菌，是引起人和动物结核病的病原菌。可侵犯全身各器官，但以肺结核为最多见。结核病至今仍为重要的传染病，估计世界人口中三分之一感染结核菌。据世界卫生组织报道，每年约有 800 万新病例发生，至少有 300 万人死于该病。中华人民共和国建国前死亡率达 2‰ ~ 3‰，居各种疾病死亡原因之首，建国后人民生活水平提高，卫生状态改善，特别是开展了群防群治，儿童普遍接种卡介苗，结核病的发病率和死亡率大为降低。但应注意，世界上有些地区因艾滋病、吸毒、免疫抑制剂的应用、酗酒和贫困等原因，发病率又有上升趋势。

　　近年发现结核菌在细胞壁外尚有一层荚膜，一般因制片时遭受破坏而不易看到。若在制备电镜标本固定前用明胶处理，可防止荚膜脱水收缩。在电镜下可看到菌体外有一层较厚的透明区，即荚膜，荚膜对结核菌有一定的保护作用。

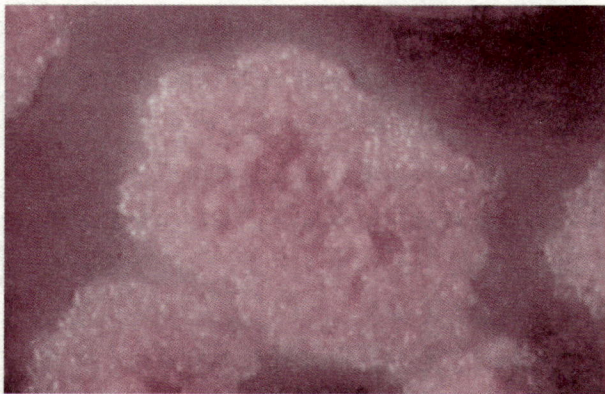

结核菌菌落

结核菌在体内外经青霉素、环丝氨酸或溶菌酶诱导可影响细胞壁中肽聚糖的合成，异烟肼影响分枝菌酸的合成，巨噬细胞吞噬结核菌后溶菌酶的作用可破坏肽聚糖，均可导致其变为 L 型，呈颗粒状或丝状。异烟肼影响分枝菌酸的合成，可变为抗酸染色阴性。这种形态多形、染色多变在肺内外结核感染标本中常能见到。临床结核性冷脓肿和痰标本中甚至还可见有非抗酸性革兰阳性颗粒，过去称为 Much 颗粒。该颗粒在体内或细胞培养中能返回为抗酸性杆菌，故亦为 L 型。

　　结核菌是胞内感染菌，其免疫主要是以 T 细胞为主的细胞免疫。T 细胞不能直接和胞内菌作用，必须先与感染细胞反应，导致细胞崩溃，释放出结核菌。机体对结核菌虽能产生抗体，但抗体只能与释出的细菌接触起辅助作用。结核菌侵入呼吸道后，由于肺泡中 80% ~ 90% 是巨噬细胞，10% 是淋巴细胞（T 细胞占多数）；原肺泡中未活化的巨噬细胞抗菌活性弱，不能防止所吞噬的结核菌生长，反可将结核菌带到他处。但可递呈抗原，使周围 T 淋巴细胞致敏。致敏淋巴细胞可产生多种淋巴因子，如 IL－2、IL－6、INF－7，它们与淋巴因子共同作用可杀死病灶中的结核菌。淋巴因子中 INF－7 是主要的，有多种细胞能产生 INF－7，浸润的先后为 NK、CD4＋、CD8＋α/βT 细胞。这些细胞有的可直接杀伤靶细胞，有的可以产生淋巴因子激活巨噬细胞，使吞噬作用加强引起呼吸暴发，导致活性氧中介物和活性氮中介物的产生而将病菌杀死。

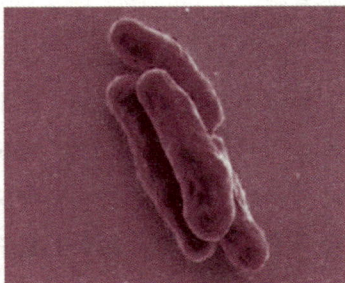

电子显微镜下的结核菌

知识点

肺　痨

　　肺痨西医称肺结核，是由结核菌引起的一种慢性肺部传染病，是肺病中的常见病。是一种由于正气虚弱，感染痨虫，侵蚀肺脏所致，以咳嗽、咯血、潮热、盗汗及身体逐渐消瘦等症为主要临床表现，具有传染性的慢性消耗性疾病。可以分为原发性和继发性两大类，原发性肺结核为人体第一次感染结核菌引起的病变，称之为原发感染，多见于幼儿和少年，而继发性肺结核则在原发感染的基础上，残留在病灶内，淋巴结内的结核菌长期潜伏，当机体抵抗能力下降时，结核菌又可活跃、繁殖而致病，我们称之为内源性复发，又称之为继发性肺结核。

延伸阅读

结核菌素试验

　　结核菌素试验，是应用结核菌素进行皮肤试验，来测定机体对结核分枝杆菌是否能引起超敏反应的一种试验。

1. 结核菌素试剂

以往用旧结核菌素。是将结核分枝杆菌接种于甘油肉汤培养基，培养 4～8 周后加热浓缩过滤制成。稀释 2 000 倍，每 0.1 毫升含 5 单位。目前都用纯蛋白衍化物。结核菌素实验有两种：人结核分枝杆菌制成的 PPD～C 和卡介苗制成的 BCG～PPD。每 0.1 毫升含 5 单位。

2. 试验方法与意义

常规试验分别取 2 种 PPD 5 个单位注射两前臂皮内，48—72 小时后红肿硬结超过 5 毫米者为阳性，大于等于 15 毫米为强阳性，对临床诊断有意义。若 PPD～C 侧红肿大于 BCG～PPD 侧为感染。反之，BCG～PPD 侧大于 PPD～C侧，可能系卡介苗接种所致。

阴性反应表明未感染过结核分枝杆菌，但应考虑以下情况：①感染初期，因结核分枝杆菌感染后需 4 周以上才能出现超敏反应；②老年人；③严重结核患者或正患有其他传染病，如麻疹导致的细胞免疫低下；④获得性细胞免疫低下，如艾滋病或肿瘤等用过免疫抑制剂者。为排除假阴性，国内有的单位加用无菌植物血凝素（PHA）针剂，0.1 毫升含 10 微克作皮试。若 24 小时红肿大于 PHA 皮丘者为细胞免疫正常，若无反应或反应不超过 PHA 皮丘者为免疫低下。

硫细菌

硫细菌在生长过程中能利用溶解的硫化合物，从中获得能量，且能把硫化氢氧化为硫，并再将硫氧化为硫酸盐的细菌。从名称上看，它包括了硫氧化菌和硫酸盐还原菌，但通常仅指硫氧化菌。

硫细菌主要分布于土壤、淡水、咸水、温泉和硫矿中。菌的类型多样，有的是丝状，如贝氏硫细菌、发硫菌，有的是单细胞，如一些无色硫细菌；有的靠鞭毛运动，如硫小杆菌、硫化叶菌，有的无鞭毛靠滑动进行运动，如某些贝氏硫细菌；有的是严格化能自养型，有的是兼性自养型；有的菌虽能氧化硫化物成硫酸，但在体内不积累硫黄粒，如硫杆菌中的许多种属此，习惯上称这类菌为硫化细菌。而有的菌能在体内积累硫黄粒，当环境中缺少硫化氢等物时，体内硫黄进一步氧化成硫酸，这类菌习惯上称为硫黄细菌。以上均为化能自养型。除外还有利用光能的自养型，菌体内含有光合色素，如紫硫细菌和绿硫细菌，它们在厌氧条件下，在利用光合色素进行不产氧的光合作用过程中，氧化硫化氢成硫酸，并能在细胞内或细胞外形成硫黄粒，故亦称为硫黄细菌。通常在光线充足并含有硫化氢的厌氧环境中生长良好。土壤硫细菌的活动，能提高土壤各种矿物质的溶解性，并能同时抑制某些对酸敏感的病原菌的生长。某些土壤中施用硫磺，可通过促进硫细菌的活动提高土壤酸度，从而改良碱性土壤。硫细菌还可用于细菌浸矿。

硫细菌是能氧化硫化合物的细菌，按其取得能量的途径可分为光能营养菌和化能营养菌两种。光能营养菌产生细菌叶绿素和类胡萝卜素，呈粉红、紫红、橙、褐、绿等色，都是厌氧光合菌，多栖息于含硫化氢的厌氧水域中；化能营养菌都是不产色素的好氧菌，栖息于含硫化物和氧的水中，能将还原性硫化物氧化成硫酸。已获得纯培养的硫细菌有硫杆菌属、硫微螺菌属和硫化叶菌属 3 属。硫化叶菌属是硫细菌中较特殊的一类，它不仅嗜酸（最适生长 pH 值范围为 2~3），而且还嗜热（最适生长温度为 70℃~75℃）。

知识点

厌氧菌

厌氧菌是一类在无氧条件下比在有氧环境中生长好的细菌，而不能在空气（18%氧气）和（或）10%二氧化碳浓度下的固体培养基表面生长的细菌。这类细菌缺乏完整的代谢酶体系，其能量代谢以无氧发酵的方式进行。它能引起人体不同部位的感染，包括阑尾炎、胆囊炎、中耳炎、口腔感染、心内膜炎、子宫内膜炎、脑脓肿、心肌坏死、骨髓炎、腹膜炎、脓胸、输卵管炎、脓毒性关节炎、肝脓肿、鼻窦炎、肠道手术或创伤后伤口感染、盆腔炎以及菌血症等。

···▶ **延伸阅读**

光合细菌

光合细菌（简称 PSB）是地球上出现最早、自然界中普遍存在、具有原始光能合成体系的原核生物，是在厌氧条件下进行不放氧光合作用的细菌的总称，是一类没有形成芽孢能力的革兰阴性菌，是一类以光作为能源、能在厌氧光照或好氧黑暗条件下利用自然界中的有机物、硫化物、氨等作为供氢体兼碳源进行光合作用的微生物。光合细菌广泛分布于自然界的土壤、水田、沼泽、湖泊、江海等处，主要分布于水生环境中光线能透射到的缺氧区。

溶血性链球菌

链球菌呈球形或椭圆形，直径 $0.6 \sim 1$ 微米，呈链状排列，长短不一，从 $4 \sim 8$ 个至 $20 \sim 30$ 个菌细胞组成不等，链的长短与细菌的种类及生长环境有关。在液体培养基中易呈长链，固体培养基中常呈短链，由于链球菌能产生脱链酶，所以正常情况下链球菌的链不能无限制地延长。多数菌株在血清肉汤中培养容易形成透明质酸的荚膜，继续培养后消失。该菌不形成芽孢，无鞭毛，易被普通的碱性染料着色，革兰阳性，老龄培养或被中性粒细胞吞噬后，转为革兰阴性。

需氧或兼性厌氧菌，营养要求较高，普通培养基上生长不良，需补充血清、血液、腹水，大多数菌株需维生素 B_2、维生素 B_6、烟酸等生长因子。最适生长温度为 37℃，在 20℃ ~42℃能生长，最适 pH 值为 $7.4 \sim 7.6$。在血清肉汤中易成长链，管底呈絮状或颗粒状沉淀生长。在血平板上形成灰白色、半透明、表面光滑、边缘整齐、直径 $0.5 \sim 0.75$ 毫米的细小菌落，不同菌株溶血不一。

溶血性链球菌在自然界中分布较广，存在于水、空气、尘埃、粪便及健康人和动物的口腔、鼻腔、咽喉中，可通过直接接触、空气飞沫传播或通过皮肤、黏膜伤口感染，被污染的食品如奶、肉、蛋及其制品也会对人类进行感染。上呼吸道感染患者、人畜化脓性感染部位常成为食品污染的污染源。

知识点

培养基

培养基（Medium）是供微生物、植物和动物组织生长和维持用的人工配制的养料，一般都含有碳水化合物、含氮物质、无机盐（包括微量元素）以及生长素和水等。有的培养基还含有抗生素、色素、激素和血清。

培养基由于配制的原料不同，使用要求不同，而贮存保管方面也稍有不同。一般培养基在受热、吸潮后，易被细菌污染或分解变质，因此一般培养基必须防潮、避光、阴凉处保存。对一些需严格灭菌的培养基（如组织培养基），较长时间的贮存，必须放在2℃~6℃的冰箱内。由于液体培养基不易长期保管，现在均改制成粉末。

延伸阅读

流行病学

溶血性链球菌在自然界中分布较广，存在于水、空气、尘埃、粪便及健康人和动物的口腔、鼻腔、咽喉中，可通过直接接触、空气飞沫传播或通过皮肤、黏膜伤口感染，被污染的食品如奶、肉、蛋及其制品也会对人类进行感染。上呼吸道感染患者、人畜化脓性感染部位常成为食品污染的污染源。一般来说，溶血性链球菌常通过以下途径污染食品：

1. 食品加工或销售人员口腔、鼻腔、手、面部有化脓性炎症时造成食品的污染。

2. 食品在加工前就已带菌、奶牛患化脓性乳腺炎或畜禽局部化脓时，其奶和肉尸某些部位污染。

3. 熟食制品因包装不善而使食品受到污染。

微球菌属

微球菌属拉丁学名为 *Micrococcus cohn*，细胞球形，直径 0.5～2 微米，成对、四联或成簇出现，但不成链；革兰阳性；罕见运动，不生芽孢；严格好氧；菌落常有黄或红的色调；具呼吸的化能异养菌，从糖常产少量酸或不产酸；通常生长在简单的培养基上；接触酶阳性，氧化酶常常是阳性的，但往往是很弱的；通常耐盐，可在 5% NaCl 中生长；含细胞色素，抗溶菌酶；最适温度 25℃～37℃。微球菌属最初出现在脊椎动物皮肤和土壤，但从食品和空气中也常常能分离到。

知识点

细　胞

细胞，并没有统一的定义，近年来比较普遍的提法是：细胞是生命活动的基本单位。已知除病毒之外的所有生物均由细胞所组成，但病毒生命活动也必须在细胞中才能体现。一般来说，细菌等绝大部分微生物以及原生动物由一个细胞组成，即单细胞生物；高等植物与高等动物则是多细胞生物。

细胞可分为两类：原核细胞、真核细胞。但也有人提出应分为三类，即把原属于原核细胞的古核细胞独立出来作为与之并列的一类。研究细胞的学科称为细胞生物学。世界上现存最大的细胞为鸵鸟的卵。

延伸阅读

链球菌防治

链球菌感染的防治原则与葡萄球菌相同。链球菌主要通过飞沫传染，应对病人和带菌者及时治疗，以减少传染源。空气、器械、敷料等注意消毒。对急性咽峡炎和扁桃体炎患者，尤其是儿童，须治疗彻底，防止超敏反应性疾病的发生。所有溶血性 A 链球菌对磺胺、青霉素及红霉素等都敏感。其他族细菌对抗生素的敏感不同，临床应用最好作药物敏感试验。

百日咳杆菌

百日咳杆菌为卵圆形短小杆菌，大小为（0.5～1.5）微米×（0.2～0.5）微米，属鲍特菌属，无鞭毛、芽孢，革兰染色阴性。用甲苯胺蓝染色可见两极异染颗粒。专性需氧，初次分离培养时营养要求较高，需用马铃薯血液甘油琼脂培养基才能生长。经 37℃ 在 2—3 天培养后，可见细小、圆形、光滑、凸起、银灰色、不透明的菌落，周围有模糊的溶血环。液体培养呈均匀混浊生长，并有少量黏性沉淀。生化反应弱，一般不发酵糖类，但分解蔗糖和乳糖，产酸不产气，不产生 H_2S 和吲哚，过氧化氢酶试验阳性。百日咳杆菌抵抗力弱，56℃ 经 30 分钟、日光照射 1 小时可致死亡，对多黏菌素、氯霉素、红霉素、氨苄西林等敏感，对青霉素不敏感。

与致病性有关的物质除荚膜、细胞壁脂多糖外，尚有多种生物学活性因子。百日咳外毒素是主要的致病因子，能诱发机

百日咳患儿

FANGDAHOU DE WEIGUAN SHIJIE

体的持久免疫力，并有多种生物活性，如提高小鼠对组织胺、5－羟色胺和敏感性，促进白细胞增多，抑制巨噬细胞功能，损伤呼吸道纤毛上皮细胞导致阵发性痉挛咳嗽等。细菌破裂后还能在宿主细胞质中查到一种热不稳定性毒素和其他几种抗原成分，可引起纤毛上皮细胞炎症和坏死。

感染百日咳杆菌后可出现多种特异性抗体，免疫力较为持久，仅少数病人可再次感染，再发的病情亦较轻。黏膜局部的分泌液具有阻止细菌黏附气管黏膜细胞纤毛的作用，其抗感染作用比血清中的抗体更重要。细胞免疫在百日咳杆菌感染中的作用还不甚明了。

知识点

抗　体

抗体是指机体的免疫系统在抗原刺激下，由B淋巴细胞或记忆细胞增殖分化成的浆细胞所产生的、可与相应抗原发生特异性结合的免疫球蛋白。主要分布在血清中，也分布于组织液及外分泌液中。

▶▶▶ 延伸阅读

百日咳多发人群

人类对百日咳普遍易感，新生儿也不例外，因自胎盘传入的母体抗百日咳抗体，为非保护性抗体，不能保护新生儿。无论菌苗全程免疫者或自然感染者，均不能提供终生免疫。这是由于百日咳发病率较低，接触百日咳杆菌机会少，免疫力不强，因此均可再次感染。5岁以下多见，一般为散发性，儿童集体机构会发生流行。自菌苗接种后发病率明显下降，有些国家中断菌苗接种则发病率上升，发展中国家发病率较高。我国百日咳发病率也有明显下降，接种菌苗后一般可获数年免疫力。据统计，接种超过12年者，百日咳发病率可达

50%，因此百日咳的发病率可向大儿童及成年人转移。

肺炎支原体

　　肺炎支原体是人类支原体肺炎的病原体。支原体肺炎的病理改变以间质性肺炎为主，有时并发支气管肺炎，称为原发性非典型肺炎。

　　肺炎支原体的致病首先通过其顶端结构黏附在宿主细胞表面，并伸出微管插入胞内吸取营养、损伤细胞膜，继而释放出核酸酶、过氧化氢等代谢产生引起细胞的溶解、上皮细胞的肿胀与坏死。诱发机体产生的抗体也可能参与上述病理损伤。呼吸道分泌的 IgA 对再感染有一定防御作用，但不够牢固。

　　肺炎支原体不同于普通的细菌和病毒，它是能独立生活的最小微生物。支原体肺炎全年均可发病，以秋冬季多见。它由急性期患者的口、鼻分泌物经空气飞沫传播，引起呼吸道感染。其发病主要与室内活动增加及密切接触有关。支原体感染也可表现为咽炎、气管支气管炎。

　　肺炎支原体感染人体后，经过 2—3 周的潜伏期，继而出现临床表现，约三分之一的病例也可无症状。它起病缓慢，发病初期有咽痛、头痛、发热、乏力、肌肉酸痛、食欲减退、恶心、呕吐等症状。发热一般为中等热度，2—3天后出现明显的呼吸道症状，突出表现为阵发性刺激性咳嗽，以夜间为重，咳少量黏痰或黏液脓性痰，有时痰中带血，也可有呼吸困难、胸痛。发热可持续 2—3 周，体温正常后仍可出现咳嗽现象。

　　支原体肺炎患者胸部 X 线检查变化很大，病变可很轻微，也可很广泛。体征轻微而胸片阴影显著，是本病特征之一。血常规检查白细胞高低不一，大多正常，有时偏高。支原体肺炎的临床表

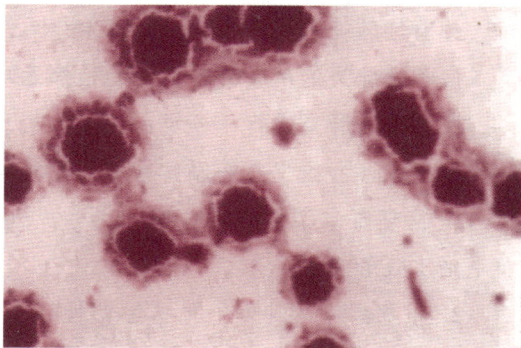

支原体

现和胸部 X 线检查并不具特征性，单凭临床表现和胸部 X 线检查无法做出诊断。若要明确诊断，需要进行病原体的检测。目前，国内支原体肺炎的诊断主要依靠血清学检测。

知识点

叶绿素

叶绿素，是一类与光合作用有关的最重要的色素。光合作用是通过合成一些有机化合物将光能转变为化学能的过程。叶绿素实际上见于所有能营光合作用的生物体，包括绿色植物、原核的蓝绿藻（蓝菌）和真核的藻类。叶绿素从光中吸收能量，然后能量被用来将二氧化碳转变为碳水化合物。

延伸阅读

肺 炎

肺炎由可由细菌、病毒、真菌、寄生虫等致病微生物，以及放射线、吸入性异物等理化因素引起。

细菌性肺炎采用适当的抗生素治疗后，7—10 天之内，多可治愈。

病毒性肺炎的病情稍轻，药物治疗无功效，但病情持续很少超过 7 天。

医学上对肺炎进行了分类：

分类方法的依据是病原体种类、病程和病理形态学等几方面：

1. 病理形态学的分类：将肺炎分成大叶性肺炎、支气管肺炎、间质肺炎及毛细支气管炎等。

2. 根据病原体种类：包括细菌性肺炎，常见细菌有肺炎链球菌、葡萄球菌、嗜血流感杆菌等。病毒性肺炎，常见病毒如呼吸道合胞病毒、流感病毒、副流感病毒、腺病毒等。另外还有真菌性肺炎、支原体肺炎、衣原体肺炎等。

3. 根据病程分类：分为急性肺炎、迁延性肺炎及慢性肺炎，一般迁延性肺炎病程长达 1—3 月，超过 3 个月则为慢性肺炎。

小儿肺炎有一定年龄特点，通常婴儿易患由细菌或病毒感染引起的支气管肺炎、毛细支气管炎，而学龄儿童由于抵抗力增强，已具有使病变局限的能力，因此主要患大叶性肺炎、支原体肺炎。

磷细菌

磷细菌存在于自然界，主要是土壤中的一类溶解磷酸化合物能力较强的细菌的总称。通过磷细菌的作用，可使土壤中不能被植物利用的磷化物转变成可被利用的可溶性磷化物，故又称溶磷细菌。

磷细菌主要分为两类：一类称为有机磷细菌，主要作用是分解有机磷化物如核酸、磷脂等；另一类称为无

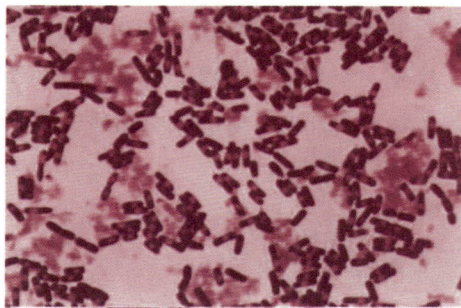

磷细菌

机磷细菌，主要作用是分解无机磷化物，如磷酸钙、磷灰石等。磷细菌主要是通过产生各种酶类或酸类而发挥作用的。可用它制成细菌肥料，实践证明，对小麦、甘薯、大豆、水稻等多种农作物，以及苹果、桃等果树具有一定增产效果。农业上常用的菌有解磷巨大的芽孢杆菌，俗称为"大芽孢"磷细菌，此外，还有其他芽孢杆菌和无色杆菌、假单胞菌等。

磷酸钙

知识点

磷灰石

磷灰石有四种，主要指氟磷石灰。磷灰石是一系列磷酸盐矿物的总称，它们有很多种，如黄绿磷灰石、氟磷灰石、氧硅磷灰石、氯磷灰石、锶磷灰石等。磷酸盐包括磷酸正盐和酸式盐。磷灰石是提炼磷的重要矿物，其中氟磷灰石是商业上最主要的矿物。磷灰石的形状为玻璃状晶体、块体或结核，它们的颜色多种多样，一般多为带个锥面尖头的六方柱形。多数磷灰石都很纯净，如果它们再硬一些，就可以当作宝石了。磷灰石加热后常会发出磷光。在各种火成岩中可以见到磷灰石的影子。

延伸阅读

细菌肥料

除了氮肥、磷肥、钾肥、微量元素肥料、有机肥料外，还有一种活的肥料——细菌肥料。

细菌，是土壤里肉眼看不见的"居民"。每1千克土壤里就有几千亿乃至几十万个细菌。从离地面几厘米到几米深的地方，都有它们的足迹，它们是庄稼的好朋友。

细菌每天都在勤勤恳恳地工作。它们争着吃土壤中的有机肥料，把里头所含的蛋白质与纤维素，一点点地分解下来，变成氨，再氧化成硝酸盐。硝酸盐能够溶于水，被庄稼所吸收利用。大粪、绿肥、厩肥等有机肥料都要靠细菌帮忙，才能合庄稼的胃口，被庄稼所吸收。

固氮菌

固氮菌是细菌的一科。菌体杆状、卵圆形或球形，无内生芽孢，革兰染色阴性。严格好氧性，有机营养型，能固定空气中的氮素，包括固氮菌属、氮单孢菌属、拜耶林克菌属和德克斯菌属。固氮菌肥料多由固氮菌属的成员制成。

氮是植物生长不可缺少的"维生素"，是合成蛋白质的主要来源。固氮菌擅长空中取氮，它们能把空气中植物无法吸收的氮气转化成氮肥，源源不断地供给植物享用。

固氮菌能利用简单糖类为碳源和能源，有的能利用淀粉，但不能利用纤维素。能固定空气中的氮素，在培养条件下，每消耗 1 克碳水化合物约能固定 10 毫克氮素，固氮效能虽不及共生的根瘤菌，但因其分布广，在自然界的氮素转化中仍具重要意义。固氮菌肥料多由固氮菌属的成员制成。它一般生活于土壤或水中，在各类耕作土壤中数量较多，组成种类也不同。有些固氮菌生长在作物的根际，有些生长在植物的叶面。

固氮菌缘何没有灭亡，而在酸性环境中生存了下来？科学家别尔佐娃经过多年研究揭示了它生存与固氮的奥秘。别尔佐娃发现，固氮菌内部酸的浓度低于外部，也就是说，固氮菌拥有自身保护办法，它的呼吸链中有一种能够处理酸的特殊酶。别尔佐娃推测，在固氮菌呼吸链中很活跃的、开始阶段起辅助作用的特殊酶在处理酸的过程中起了主要作用。别尔佐娃通过实验观察确认，正是这种很活跃的酶帮助固氮菌完成酸吸收与处理任务。在这种特殊酶的带动下，其余的酶才开始工作、开始固氮。为了进一步验证实验结果，别尔佐娃将固氮

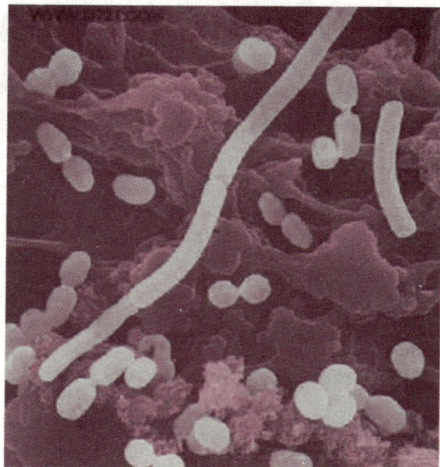

固氮菌

FANGDAHOU DE WEIGUAN SHIJIE

菌中那个特殊的酶除掉，结果发现，固氮菌立即丧失了在酸环境中固定氮的能力。

在形形色色的固氮菌中，名声最大的要数根瘤菌了。根瘤菌平常生活在土壤中，以动植物残体为养料，自由自在地过着"腐生生活"。当土壤中有相应的豆科植物生长时，根瘤菌便迅速向它的根部靠拢，并从根毛弯曲处进入根部。豆科植物的根部细胞在根瘤菌的刺激下加速分裂、膨大，形成了大大小小的"瘤子"，为根瘤菌提供了理想的活动场所，同时还供应丰富的养料，让根瘤菌生长繁殖。根瘤菌又会卖力地从空气中吸收氮气，为豆科植物制作"氮餐"，使它们枝繁叶茂，欣欣向荣。这样，根瘤菌与豆科植物结成了共生关系，因此人们也把根瘤叫共生固氮菌。根瘤菌生产的氮肥不仅可以满足豆科植物的需要，而且还能分出一些来帮助"远亲近邻"，储存一部分留给"晚辈"，所以中国历来有种豆肥田的习惯。还有一些固氮菌，比如圆褐固氮菌，它们不住在植物体内，能自己从空气中吸收氮气，繁殖后代，死后将遗体"捐赠"给植物，使植物得到大量氮肥。这类固氮菌叫自生固氮菌。

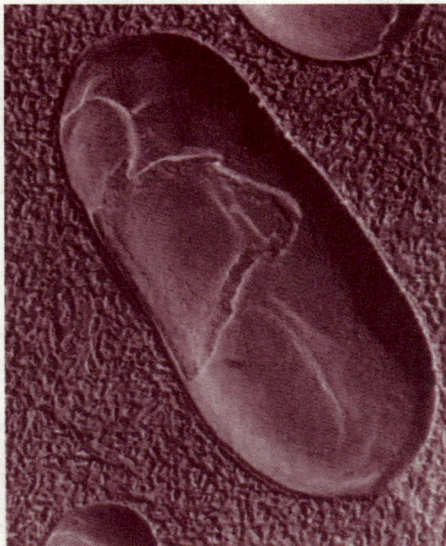

原核生物固氮菌

固氮菌肥料是利用固氮微生物将大气中的分子态氮气转化为农作物能利用的氨，进而为其提供合成蛋白质所必需的氮素营养的肥料。微生物自生或与植物共生，将大气中的分子态氮气转化为农作物可吸收的氨的过程，称为生物固氮。生物固氮是在极其温和的常温常压条件下进行的生物化学反应，不需要化肥生产中的高温、高压和催化剂，因此，生物固氮是最便宜、最干净、效率最高的施肥过程。固氮菌肥料是最理想的、最有发展前途的肥料。

知识点

蛋白质

蛋白质（protein）是生命的物质基础，没有蛋白质就没有生命。因此，它是与生命及与各种形式的生命活动紧密联系在一起的物质。机体中的每一个细胞和所有重要组成部分都有蛋白质参与。蛋白质占人体重量的16%～20%，即一个60千克重的成年人其体内约有蛋白质9.6～12千克。人体内蛋白质的种类很多，性质、功能各异，但都是由20多种氨基酸按不同比例组合而成的，并在体内不断进行代谢与更新。

延伸阅读

共生固氮菌

在与植物共生的情况下才能固氮或才能有效地固氮，固氮产物氨可直接为共生体提供氮源。主要有根瘤菌属的细菌与豆科植物共生形成的根瘤共生体，弗氏菌属（一种放线菌）与非豆科植物共生形成的根瘤共生体；某些蓝细菌与植物共生形成的共生体，如念珠藻或鱼腥藻与裸子植物苏铁共生形成苏铁共生体，红萍与鱼腥藻形成的红萍共生体等。

根瘤菌

根瘤菌是与豆科植物共生，形成根瘤并固定空气中的氮气供植物营养的一类杆状细菌，这种共生体系具有很强的固氮能力。已知全世界豆科植物近2万种。根瘤菌是通过豆科植物根毛、侧根杈口（如花生）或其他部位侵入，形成侵入线，进到根的皮层，刺激宿主皮层细胞分裂，形成根瘤，根瘤菌从侵入线进到根瘤细胞，继续繁殖，根瘤中含有根瘤菌的细胞群构成含菌组织。根瘤菌进入这些宿主细胞后被一层膜套包围，有些菌在膜套内能继续繁殖，大量增加根瘤内的根瘤菌数，以后停止增殖，成为成熟的类菌体；宿主细胞与根瘤菌共同合成豆血红蛋白，分布在膜套内外，作为氧的载体，调节膜套内外的氧量。类菌体执行固氮功能，将分子氮还原成 NH_3，分泌至根瘤细胞内，并

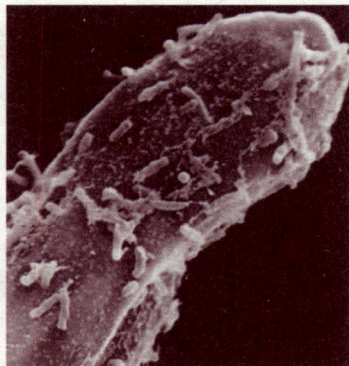

根瘤菌

合成酰胺类或酰尿类化合物，输出根瘤，由根的传导组织运输至宿主地上部分供利用。与宿主的共生关系是宿主为根瘤菌提供良好的居住环境、碳源和能源以及其他必需营养，而根瘤菌则为宿主提供氮素营养。

大豆、花生等属于豆科植物。它们的根瘤中，有能固氮的根瘤菌与之共生。根瘤菌将空气中的氮转化为植物能吸收的含氮物质，如氨，而植物为根瘤菌提供有机物。

豆科植物幼苗期间的分泌物吸引了分布在其根附近的根瘤菌，使其聚集在根毛周围大量繁殖，随后，根瘤菌产生的分泌物使根毛卷曲、膨胀，并使部分细胞壁溶解，根瘤菌由壁被溶解处侵入根毛，在根毛中滋生，聚集成带，外被黏液和根细胞分泌的纤维素，形成侵入线。侵入线为管状结构，根瘤菌沿其侵入根的皮层并迅速在该处繁殖，皮层细胞受刺激亦迅速分裂，致使根部形成局部突起，即成根瘤。根瘤菌居于根瘤中央的薄壁细胞内，逐渐破坏其核与细胞质，本身转变为拟菌体；同时该区域周围分化出与根维管束相连的输导组织、外围薄壁组织鞘和内皮层。拟菌体通过输导组织从皮层细胞吸收碳水化合物、矿物

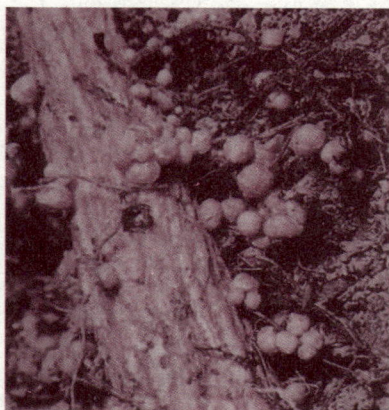

生长着的根瘤菌

盐类和水进行繁殖，同时进行固氮作用。此外，由于根瘤的脱落、残留以及一部分分泌到土壤中的氮，可以增加土壤肥力。生产上用豆科植物与其他作物间作、轮作，就是利用根瘤菌的固氮作用。

根瘤菌可以将大气中的无机氮转化为有机氮，但是它从植物体内获取营养，在生态系统中为消费者。

知识点

豆科植物

豆科为双子叶植物乔木、灌木、亚灌木或草本，直立或攀缘，常有能固氮的根瘤植物。豆科植物约有650属，18 000种，广布于世界各地。

我国有豆科植物172属，1 485种，13亚种，153变种，16变型；在各个省区均有分布。该科具有重要的经济意义，它是人类食品中淀粉、蛋白质、油和蔬菜的重要来源之一。

延伸阅读

根瘤菌的市场前景

中国地域辽阔，豆科作物种类繁多，每年大面积种植花生、大豆、豌豆、蚕豆、绿豆及苜蓿、沙打旺等豆科牧草几十种之多。这些豆科作物和地球上所有的生物一样，在生长中离不开氮这一生命要素。

根瘤菌接种剂经中国100多万亩土地豆科作物长达50年的试验、示范证明，根瘤菌接种剂能大量减少化肥的使用量，改善农产品品质，使农产品达到AA级绿色食品要求；有效提高农作物的产量；无任何不良副作用，不构成重金属污染；施用成本只有化肥的十分之一，根瘤菌剂还具有培肥地力，改良土壤结构，肥地养地之功能，所以根瘤菌接种技术在豆科作物种植中的作用是其他任何技术措施无法替代的，具有十分重要的地位。

子囊菌

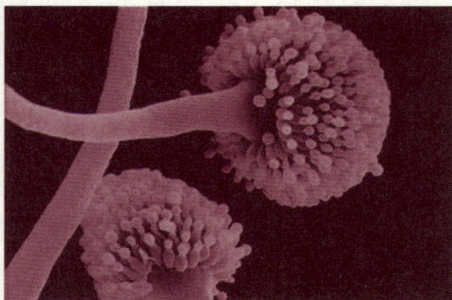

子囊菌

子囊菌种类和数量繁多，子囊菌是产生子囊的菌类的总称。根据爱因渥思和比斯贝的统计，子囊菌共有 1 950 属、15 000 种。除单细胞的酵母菌外，营养体所谓菌丝中有隔膜。通过有性繁殖，在子囊中产生子囊孢子。并且菌丝组成菌丝体，形成含有子囊的子实体。无性繁殖一般是依靠分生孢子。

子囊菌有以下几种：不形成子囊果的原子囊菌纲；在假囊壳中形成双层壁子囊的腔菌纲；在各种子囊果中形成单壁子囊的真子囊菌纲。在真子囊菌纲中又有：闭囊果中分散存在着球状子囊，或子囊壳中柱状子囊并列的核菌类；子囊盘内表面柱状子囊并列的盘菌类。也有很多在各方面与子囊菌类似，但不知是否形成子囊一些种类，而把这些归为半知菌纲。

知识点

有性繁殖

一般繁殖多用此法，不仅有大量种子产生可以繁殖较多的新苗，而今日所有名种名花，也多是利用有性繁殖的改良育种而来，不似无性繁殖法所产生的新个体完全与母体一样而无变化，即便是以相同的亲本再次交配，因为因子的结合机会不同，所产生的子代也多与亲代及前次交配产生的子苗不一样而极多的变化，为了满足人的好奇心而喜爱新种有变化进步的心理，有性繁殖法实优于无性繁殖法。

━━▶ 延伸阅读

闭囊果

闭囊果也叫果孢子体。高等红藻的雌性生殖器官果胞受精后，在母体上发育形成的一种特殊的二倍体结构。在囊果内的产孢丝上的果孢子囊中，产生含二倍染色体的果孢子。结构简单的囊果，仅为由合子细胞分裂形成的许多产孢丝及产孢丝上的果孢子囊密集成的球状体，如海索面。结构复杂的囊果，除合子细胞分裂产生的辅助细胞、产孢丝及产孢丝上的果孢子囊外，外面还有由果胞附近的藻体营养细胞经多次分裂形成的囊果被将其包被。

硝化细菌

硝化细菌是一种好气性细菌，能在有氧的水中或砂层中生长，并在氮循环水质净化过程中扮演着很重要的角色。

它们包括形态互异类型的一种杆菌、球菌或螺旋菌。属于自营性细菌的一类，包括两种完全不同代谢群：亚硝酸菌属及硝酸菌属。

硝化细菌包括亚硝化菌和硝化菌。时至今日，人们尚未发现一种硝化细菌能够直接把氨转变成硝酸，所以说，硝化作用必须通过这两类菌的共同作用才能完成。亚硝化菌包括亚硝化单胞菌属、亚硝化球菌属、亚硝化螺菌属和亚硝化叶菌属中的细菌。硝化菌包括硝化杆菌属、硝化球菌属和硝化囊菌属中的细菌。

亚硝化菌和硝化菌在偏碱性的条件下生长，它们在土壤中常常相互伴随着生存，并且生长得都比较缓慢。亚硝化菌和硝化菌对于能源物质的要求都十分严格：前者只能利用氨，后者只能利用亚硝酸。亚硝化菌的代谢产物是亚硝酸，亚硝酸是硝化菌进行同化作用所必需的能源物质。我们知道，亚硝酸对于人体来说是有害的，这是因为亚硝酸与一些金属离子结合以后可以形成亚硝酸盐，而亚硝酸盐又可以和胺类物质结合，形成具有强烈致癌作用的亚硝胺。然而，土壤中的亚硝酸转变成硝酸后，很容易形成硝酸盐，从而成为可以被植物吸收利用的营养物质。所以说，硝化细菌与人类的关系十分密切。

知识点

硝　酸

　　硝酸分子式为 HNO_3，是一种有强氧化性、强腐蚀性的无机酸，酸酐为五氧化二氮。硝酸的酸性较硫酸和盐酸小（PKa = -1.3），易溶于水，在水中完全电离，常温下其稀溶液无色透明，浓溶液显棕色。硝酸不稳定，易见光分解，应在棕色瓶中于阴暗处避光保存，严禁与还原剂接触。硝酸在工业上主要以氨氧化法生产，用以制造化肥、炸药、硝酸盐等，在有机化学中，浓硝酸与浓硫酸的混合液是重要的硝化试剂。

延伸阅读

光合细菌

　　光合细菌，俗称 b 菌。光合细菌是一种水中微生物，因具有光合色素，包括细菌叶绿素和类胡萝卜素等，而呈现淡粉红色，光合细菌能在厌氧和光照的条件下，利用化合物中的氢并进行不产生氧的光合作用。

　　光合细菌可以在某种污染环境下生存，并担负着重要的净化水质的角色。但只有在生存环境和污染物质符合其生理、生态特性时，才会发挥其作用，否则很难获得预期。例如在无光或者有氧环境下，光合细菌就很难发挥效果。

　　水族箱中若存在光合细菌，它将那些有机质或硫化氢等物质加以吸收利用，而使耗氧的异营性微生物因缺乏营养而转为弱势，因而降低发生有毒分解产物的机会，同时，底质中的水质借以得到净化，而促使养殖的水族生物的健康成长。

目前，水族市场出售的光合细菌，主要是光能异营型红螺菌科，特别是其中的红假单细胞属的种类。这种光合细菌在不同的环境条件下，能以不同的代谢方式，有效地净化水质。需要注意的是，光合细菌在水质 pH8.2～8.6 的环境下发挥效果最佳，因而比较适合在海水水族箱中使用。所以这中光合细菌只能起到短暂的效果，因为我们鱼缸里没有它生活的理想环境。除非我们制作一个无氧过滤区，还要有照明。

大肠杆菌

大肠埃希菌通常称为大肠杆菌，是埃舍里希在 1885 年发现的，在相当长的一段时间内，一直被当作正常肠道菌群的组成部分，认为是非致病菌。直到 20 世纪中叶，才认识到一些特殊血清型的大肠杆菌对人和动物是有病原性的，尤其对婴儿和幼畜（禽），常引起严重腹泻和败血症，它是一种普通的原核生物，是人类和大多数温血动物肠道中的正常菌群。但也有某些血清型的大肠杆菌可引起不同症状的腹泻，根据不同的生物学特性将致病性大肠杆菌分为五类：致病性大肠杆菌（EPEC）、肠产毒性大肠杆菌（ETEC）、肠侵袭性大肠杆菌（EIEC）、肠出血性大肠杆菌（EHEC）、肠黏附性大肠杆菌（EAEC）。

致病性大肠杆菌通过污染的饮水、食品、水体引起疾病暴发流行，病情严重者，可危及人的生命。

大肠杆菌具有很多毒素因子，包括内毒素、荚膜、Ⅲ型分泌系

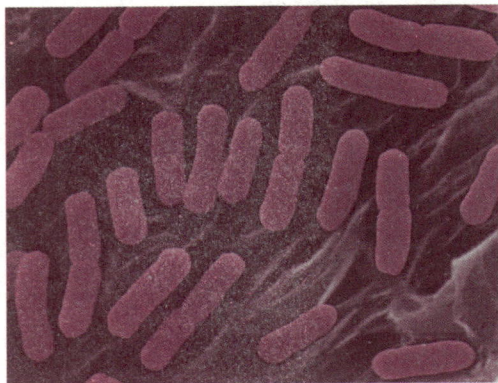

大肠杆菌

统、黏附素和外毒素等。该种疾病可通过饮用受污染的水或进食未熟透的食物（特别是牛肉、汉堡及烤牛肉）而感染。饮用或进食未经消毒的奶类、芝士、蔬菜、果汁及乳酪而染病的个案亦有发现。此外，若个人卫生欠佳，亦可能会通过人—人的传播途径，或经进食受粪便污染的食物而感染该种病菌。

大肠杆菌作为外源基因表达的宿主，遗传背景清楚，技术操作简单，培养条件简单，大规模发酵经济，备受遗传工程专家的重视。目前大肠杆菌是应用最广泛、最成功的表达体系，常做高效表达的首选体系。

知识点

败血症

败血症是指致病菌或条件致病菌侵入血循环，并在血中生长繁殖，产生毒素而发生的急性全身性感染。若侵入血液的细菌被人体防御功能所清除，无明显毒血症症状时则称为菌血症。败血症伴有多发性脓肿而病程较长者称为脓毒败血症。

延伸阅读

大肠杆菌与人体的关系

大肠杆菌是与我们日常生活关系非常密切的一类细菌，学名称作"大肠埃希菌"，属于肠道杆菌大类中的一种。它是寄生在人体大肠里对人体无害的一种单细胞生物，结构简单，繁殖迅速，培养容易，它是生物学上重要的实验材料。在婴儿刚出生的几小时内，大肠杆菌就经过吞咽在肠道内定居了。正常情况下，大多数大肠杆菌是非常安分守己的，他们不但不会给我们的身体健康带来任何危害，反而还能竞争性抵御致病菌的进攻，同时还能帮助合成维生素

K_2，与人体是互利共生的关系。只有在机体免疫力降低、肠道长期缺乏刺激等特殊情况下，这些平日里的良民才会兴风作浪，移居到肠道以外的地方，例如：胆囊、尿道、膀胱、阑尾等地，造成相应部位的感染或全身播散性感染。因此，大部分大肠杆菌通常被看作机会致病菌。

放线菌

放线菌因菌落呈放线状而的得名。它是一个原核生物类群，在自然界中分布很广，主要以孢子繁殖。放线菌主要以无性孢子的方式进行繁殖，也可通过菌丝片段繁殖新的个体。

在工业发酵中，液体培养基中一般不形成孢子，其繁殖方式主要是通过培养基内菌丝的片段来实现。如果将放线菌静置培养在液体培养基中，培养基的表面上往往形成菌膜，膜上会生出孢子。

放线菌与人类的生产和生活关系极为密切，目前广泛应用的抗生素约70%是各种放线菌所产生的。一些种类的放线菌还能产生各种酶制剂（蛋白酶、淀粉酶和纤维素酶等）、维生素 B_{12} 和有机酸等。此外，放线菌还可用于甾体转化、烃类发酵、石油脱蜡和污水处理等方面。少数放线菌也会对人类构成危害，引起人和动植物的病害。因此，放线菌与人类关系密切，在医药工业上有更重要的意义。

放线菌孢子

放线菌在自然界分布广泛，主要以孢子或菌丝状态存在于土壤、空气和水中，尤其是含水量低、有机物丰富、呈中性或微碱性的土壤中数量更多。放线菌只是形态上的分类，不是生物学分

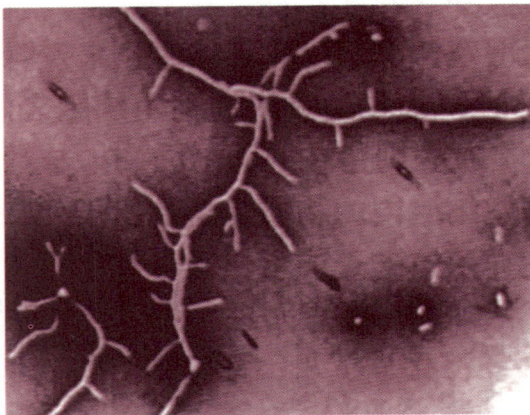

放线菌菌丝

类，有些细菌和真菌都可以划归到放线菌中。土壤特有的泥腥味，主要是放线菌的代谢产物所导致的。

放线菌菌丝

放线菌种类很多，多数放线菌具有发育良好的分支状菌丝体，少数为杆状或原始丝状的简单形态。菌丝大多无隔膜，其粗细与杆状细菌相似，直径为1微米左右。细胞中具核质而无真正的细胞核，细胞壁含有胞壁酸与二氨基庚二酸，而不含几丁质和纤维素。以与人类关系最密切、分布最广、种类最多、形态最典型的链霉菌属为例，主要由菌丝和孢子两部分结构组成。

放线菌在形态上分化为菌丝和孢子，在培养特征上与真菌相似。然而，用近代分子生物学手段研究的结果表明，放线菌是属于一类具有分支状菌丝体的细菌，革兰染色为阳性。主要依据为：①同属原核微生物。细胞核无核膜、核仁和真正的染色体；细胞质中缺乏线粒体、内质网等细胞器；核糖体为 70S。②细胞结构和化学组成相似。细胞具细胞壁，主要成分为肽聚糖，并含有DPA；放线菌菌丝直径与细菌直径基本相同。③最适生长 pH 值范围与细菌基本相同，一般呈微碱性。④都对溶菌酶和抗生素敏感，对抗真菌药物不敏感。⑤繁殖方式为无性繁殖，遗传特性与细菌相似。

知识点

孢 子

孢子是无性生殖细胞。不管是有性生殖还是无性生殖，都有两种情况：

1. 没有专门的生殖细胞。如无性生殖中的分裂生殖、出芽生殖或营养繁殖；有性生殖中的结合生殖。水绵进行结合生殖的时候并不是产生专门的生殖细胞，完全就是普通的体细胞进行两两融合的。

2. 有专门的生殖细胞。如无性生殖中的孢子生殖；有性生殖中的配子生殖。

总之，只要是专门生殖的细胞，正常情况下不需要两两结合就可以单个细胞发育成一个个体，这就是孢子。

孢子是生物所产生的一种有繁殖或休眠作用的细胞，能直接发育成新个体。孢子一般个头微小，单细胞。由于它的性状不同，发生过程和结构的差异而有种种名称。生物通过无性生殖产生的孢子叫无性孢子，如分生孢子、孢囊孢子、游动孢子等；通过有性生殖产生的孢子叫有性孢子，如接合孢子、卵孢子、子囊孢子、担孢子等；直接由营养细胞通过细胞壁加厚和积贮养料而能抵抗不良环境条件的孢子叫厚垣孢子、休眠孢子等。孢子有性别差异时，两性孢子有同形和异形之分。前者大小相同；后者在大小上有区别，分别称大、小孢子，并分别发育成雌、雄配子体，这在高等植物中较为多见。

通过孢子进行繁殖的有：蕨类植物、藻类植物、苔藓植物等。

延伸阅读

小单孢菌属

小单孢菌属菌丝体纤细，直径 0.3 ~ 0.6 微米，无横隔膜、不断裂、菌丝体侵入培养基内，不形成气生菌丝。只在菌丝上长出很多分枝小梗，顶端着生一个孢子。

菌落比链霉菌小得多，一般 2 ~ 3 毫米，通常橙黄色，也有深褐、黑色、蓝色者；菌落表面覆盖着一薄层孢子堆。此属菌一般为好气性腐生，能利用各种氮化物的碳水化合物。大多分布在土壤或湖底泥土中，堆肥的厩肥中也有不少。此属约 30 多种，也是产抗生素较多的一个属。例如庆大霉素即由绛红小单孢菌和棘孢小单孢菌所产生的，有的能产生利福霉素、卤霉素等共 30 余种抗生素。现在认为，此属菌产生抗生素的潜力较大，而且有的种还积累维生素 B_{12}，应予重视。

菌胶团

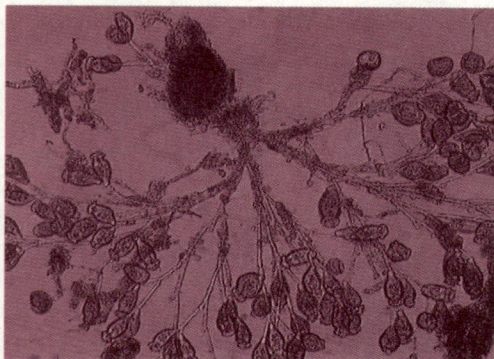

菌胶团

有些细菌由于其遗传特性决定，细菌之间按一定的排列方式互相黏集在一起，被一个公共荚膜包裹，形成一定形状的细菌集团，叫做菌胶团。

菌胶团是活性污泥絮体和滴滤池黏膜的主要组成部分。菌胶团中的菌体，由于包埋于胶质中，故不易被原生动物吞噬，有利于沉降。菌胶团的形状有球形、蘑菇形、椭圆形、分枝状、垂丝状及不规则形。上述各种形状的菌胶团在活性污泥中均能找到，典型的有动胶菌属，它有2个种：枝状动胶菌属和垂（悬）丝状动胶菌属。

有些细菌在一定的环境条件下可形成一层黏液性物质，包围在细胞壁外面，这层物质叫黏液层。黏液层的厚度不一定，其成分主要是多糖和果胶类物质。黏液的形成是细菌代谢作用的正常结果，但黏液与细菌的生长无关。当细菌运动时，黏液会从细胞表面剥离开来。当黏液层呈现均匀厚度时则称为荚膜。荚膜厚0.5~2纳米，微荚膜厚5~10纳米。在正常情况，荚膜不会在细菌分裂后使它们粘在一起。但是，有些细菌的黏液层能黏结起来，使许多细菌成团块状生长，称为菌胶团或冻胶菌。

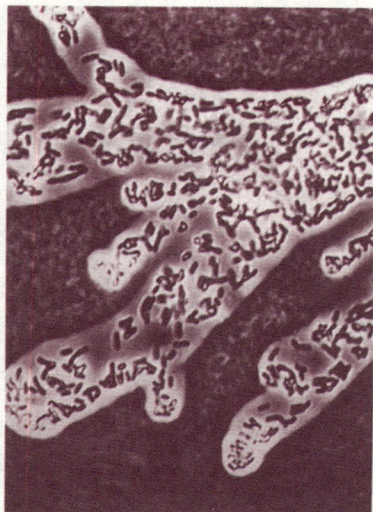

食品中的菌胶团

菌胶团是活性污泥和生物膜的重要组成部分，有较强的吸附和氧化有机物的能力，在水生物处理中具有重要作用。活性污泥性能的好坏，主要可根据所含菌胶团多少、大小及结构的紧密程度来确定。新生胶团（新形成的菌胶团）颜色较浅，甚至无色透明，但有旺盛的生命力，氧化分解有机物的能力强。老化了的菌胶团，由于吸附了许多杂质，颜色较深，看不到细菌单体，而像一团烂泥似的，生命力较差。一定菌种的细菌在适宜环境条件下形成一定形态结构的菌胶团，而当遇到不适宜的环境时，菌胶团就发生松散，甚至呈现单个细菌，影响处理效果。因此，为了使水处理达到较好的效果，要求菌胶团结构紧密，吸附、沉降性能良好。这就必须满足菌胶团细菌对营养及环境的要求。

知识点

生物膜

生物膜是镶嵌有蛋白质和糖类（统称糖蛋白）的磷脂双分子层，起着划分和分隔细胞和细胞器作用，生物膜也是与许多能量转化和细胞内通信有关的重要部位。同时，生物膜上还有大量的酶结合位点。细胞、细胞器和其环境接界的所有膜结构的总称。

延伸阅读

水质变化是水生物存亡的标志

水生物是判断河水是否受到污染的有效参照物。河水中不同化学物质的分布和浓度，将决定河中水生物的类型构成。一些水生物在某种河流条件下可以繁殖得很快，在另一环境下则可能迅速死亡，这是由河水中的不同成分决定的。因此，只要分析河流中水生物的类型构成，就可对某一河段中存在什么样的化学物质做出判断。水生生物群落与水环境有着错综复杂的相互关系，对水质变化起着重要作用。不同种类的水生生物对水体污染的适应能力不同，有的种类只适于在清洁水中生活，被称为清水生物（或寡污生物）。而有些水生生物则可以在污水中生活，被称为污水生物。水生生物的存亡，标志着水质变化的程度，因此生物成为水体污化的指标，通过调查水生生物，就可以评价出水体被污染的情况。有许多水生生物对水中毒物很敏感，也可以通过检测水生生物的毒性实验，来判断水质污染的程度。

铁细菌

铁细菌是一类生活在含有高浓度二价铁离子的池塘、湖泊、温泉等水域中，能将二价铁盐氧化成三价铁化合物，并能利用此氧化过程中产生的能量来同化二氧化碳进行生长的细菌的总称。

这些微生物分别属于不同类群，有的是兼性自养型，如纤发菌、泉发菌，为成串的杆状细胞互相连成丝状，外面包有共同的鞘套，在细胞内或鞘套上常有铁等金属的积累；有的是严格化能自养型，并只能在强酸性条件下生活，如氧化亚铁硫杆菌，通常生活在 pH 值为 4 以下的环境中，这类菌在细菌浸矿中具有重要作用。铁细菌长期产生氢氧化铁，可积累成褐铁矿，在铁制水管中的生长繁殖会缩短水管的使用寿命。

一种能使二价铁氧化成三价铁并从中得到能量的一群菌落，如锈铁菌属、纤毛铁细菌属等。

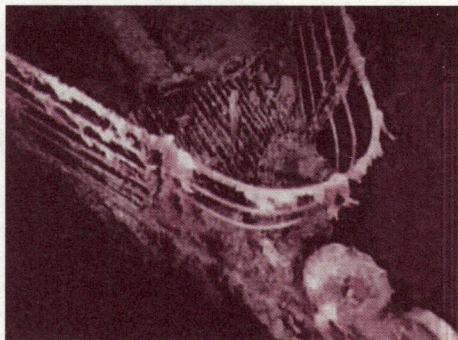

"泰坦尼克号"被铁细菌蚕食

在水中能使亚铁化合物氧化，并使之生成三价的氢氧化铁沉淀。沉淀物聚集在细菌周围产生大量的棕色黏泥，导致设备和管道的点蚀和锈瘤的形成。铁细菌喜欢生活在含氧量少和含有二氧化碳的弱酸中，在碱性条件下不易生长。冷却水有铁细菌繁殖时，水质浑浊、色泽变暗，pH 值也相应变化，并伴有异臭气味。

铁细菌在含铁的淡水中分布广泛，好气，嗜中性环境。由于它能氧化溶解于水中的氢氧化亚铁、碳酸铁呈高铁沉积下来，起到浓缩和积累环境中铁的作用，可能是天然褐铁矿形成的参与者。另外，这类菌也能在给水管道、工厂循环冷却装置、地下水泵、水电站压力吸水管内生长繁殖，形成锈层或锈瘤，不仅污染水质，而且增加水流的阻

水管锈

力，堵塞管道，甚至促使产生氧差电池腐蚀，导致铁管局部穿孔，造成经济上的损失。

知识点

二价铁离子

二价亚铁离子一般呈浅绿色，有较强的还原性，能与许多氧化剂反应，如氯气、氧气等。因此亚铁离子溶液最好现配现用，储存时向其中加入一些铁粉（三价铁离子有强氧化性，可以与铁单质反应生成亚铁离子）亚铁离子也有氧化性，但是氧化性比较弱，能与镁、铝、锌等金属发生置换反应。

延伸阅读

氧化铁

氧化铁，别名磁性氧化铁红；高导磁率氧化铁；烧褐铁矿；烧赭上；铁

丹；铁粉，红粉；威尼斯红（主要成分为氧化铁），三氧化二铁。化学式为 Fe_2O_3，溶于盐酸，为红棕色粉末。其红棕色粉末为一种低级颜料，工业上称氧化铁红，用于油漆、油墨、橡胶等工业中，可做催化剂，玻璃、宝石、金属的抛光剂，可用作炼铁原料。

痢疾杆菌

　　痢疾杆菌是革兰染色阴性的兼性菌，不具动力。在普通培养基中生长良好，最适宜温度为37℃，不耐热及干燥，阳光直射即有杀灭作用，加热到60℃经10分钟即死亡；但耐寒能力强，在阴暗潮湿及冰冻环境下能生存数周，在蔬菜、瓜果、腌菜中能生存1—2周。对一般消毒剂如新洁尔灭、来苏、过氧乙酸等抵抗力弱，可被迅速杀死。

　　根据生化反应与抗原结构的不同，分为4群。甲群为志贺菌群，有10个血清型；乙群为福氏菌群，有13个血清型；丙群为鲍氏菌群，有15个血清型；丁型为宋内菌群，仅有1个血清型。各群痢疾杆菌在菌体裂解时均释放出内毒素，但产生外毒素的能力各种群差异很大，其中以志贺痢疾杆菌产生外毒素的能力最强，故临床症状较为严重。

　　痢疾杆菌的致病物质有菌毛和内毒素，致病因素主要是菌毛的侵袭力和内毒素的毒性作用，有些菌株尚能产生外毒素。

　　（1）侵袭力：菌毛是侵袭力的基础，是痢疾杆菌致病的主要因素之一。此外，菌体表面的K抗原也与侵入人体上皮细胞的能力有关。痢疾杆菌随食物进入胃部后，若胃酸分泌正常，可被胃酸杀死，即使细菌进入肠道，也可被肠道内的分泌性抗体和肠道正常菌群所排斥。某些足以降低人体全身和胃肠道局部防御功能的因

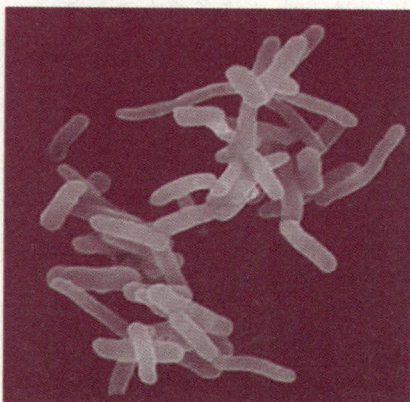
痢疾杆菌

素，如慢性病、过度疲劳、受冻、饮食不当及消化道疾患等，则有利于痢疾杆菌借助菌毛黏附于回肠末端和结肠黏膜上皮细胞上，然后进入细胞内生长繁殖，最后引起细胞破裂，导致肠黏膜损伤及溃疡，引起黏膜炎症而致腹泻。一般情况下，痢疾杆菌只在黏膜固有层内繁殖，并形成感染病灶，很少侵入黏膜下层。细菌侵入血流者较罕见。有毒力的痢疾杆菌对上皮细胞的侵入作用是致病的先决条件，是导致感染的重要原因。

（2）内毒素：细菌内毒素作用于肠壁，使其通透性增高，促进内毒素吸收。内毒素作用于中枢神经系统及心血管系统，引起发热、神志障碍，严重者可出现中毒性休克等一系列症状。内毒素能破坏肠黏膜，形成炎症，出现溃疡、坏死、出血，在排出典型的脓血黏液便的同时，病原菌也随粪便排出。内毒素还可刺激肠壁自主神经，使肠功能紊乱、肠蠕动共济失调和痉挛，尤以直肠括约肌受毒素刺激最明显，临床表现为腹痛和里急后重症状。

（3）外毒素：志贺菌属 A 群 1 型和 2 型，可产生外毒素，称志贺毒素。近年还证实 B 群 2a 型也可产生志贺样毒素，具有神经毒性、细胞毒性和肠毒素的性质，可能与腹泻有关，作用于中枢神经系统可引起昏迷。

知识点

血清

血清，指血液凝固后，在血浆中除去纤维蛋白分离出的淡黄色透明液体或指纤维蛋白已被除去的血浆。其主要作用是提供基本营养物质、提供激素和各种生长因子、提供结合蛋白、提供接触和伸展因子使细胞贴壁免受机械损伤、对培养中的细胞起到某些保护作用。血清是一种很复杂的混合物，其组成成分虽大部分已知，但还有一部分尚不清楚，且血清组成及含量常随供血动物的性别、年龄、生理条件和营养条件不同而异。血清中含有各种血浆蛋白、多肽、脂肪、碳水化合物、生长因子、激素、无机物等，这些物质对促进细胞生长或抑制生长活性是达到生理平衡的。

▶••••• 延伸阅读

痢疾杆菌的微生物学诊断

1. 标本

在用药前取粪便的脓血或黏液部分，标本不能混有尿液。如不能及时送检，应将标本保存于30%甘油缓冲盐水或增菌培养液中。中毒性菌痢可取肛门拭子检查。

2. 分离培养与鉴定

接种肠道杆菌选择性培养基，37℃孵育18—24小时，挑取无色半透明的可疑菌落，做生化反应和血清学凝集试验，确定菌群和菌型。如遇非典型菌株，须作系统生化反应以确定菌属；必要时，用适量菌液接种于豚鼠结膜上，观察24小时，如有炎症，则为有毒菌株。

3. 快速诊断法

（1）荧光菌球法：适于检查急性菌痢的粪便标本。将标本接种于含有荧光素标记的志贺菌免疫血清液体培养基中，37℃的条件下培养4—8小时。如标本中有相应型别的痢疾杆菌，繁殖后与荧光素抗体凝集成小菌球，在低倍或高倍荧光显微镜下易于检出。方法简便、快速，且具有一定的特异性。

（2）协同凝集试验：用志贺菌的LGG抗体与富含A蛋白的葡萄球菌结合，以此为试剂，测定患者粪便滤液中志贺菌的可溶性抗原。

显微镜下的真菌

真菌是微生物中很大的一个种群，迄今而止，人类已经发现了世界上的真菌约有1万属12万余种。

真菌，大体上可以分为三类，即酵母菌、霉菌和蕈菌（大型真菌），它们归属于不同的亚门。其中，蕈菌体型较大，多数不用显微镜即可观察到，故不在本书的编写范围之内。

真菌的细胞既不含叶绿体，也没有质体，是典型异养生物。它们从动物、植物的活体、死体和它们的排泄物，以及断枝、落叶和土壤腐殖质中、来吸收和分解其中的有机物，作为自己的营养。真菌的异养方式有寄生和腐生。

真菌常为丝状和多细胞的有机体，其营养体除大型菌外，分化很小。除少数例外，真菌都有明显的细胞壁，通常不能运动，以孢子的方式进行繁殖。

霉　菌

霉菌是丝状真菌的俗称，意即"发霉的真菌"，它们往往能形成分枝繁茂的菌丝体，但又不像蘑菇那样产生大型的子实体。在潮湿温暖的地方，很多物品上长出一些肉眼可见的绒毛状、絮状或蛛网状的菌落，那就是霉菌。

霉菌是形成分枝菌丝的真菌的统称。不是分类学的名词，在分类上属于真菌门的各个亚门。

构成霉菌体的基本单位称为菌丝，呈长管状，宽度为 2～10 微米，可不断自前端生长并分枝。无隔或有隔，具一个或多个细胞核。在固体基质中生长时，部分菌丝深入基质吸收养料，称为基质菌丝或营养菌丝；向空中伸展的称气生菌丝，可进一步发育为繁

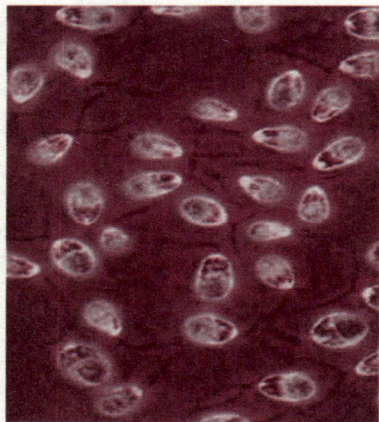

霉菌

殖菌丝，产生孢子。大量菌丝交织成绒毛状、絮状或网状等，称为菌丝体。菌丝体常呈白色、褐色、灰色，或呈鲜艳的颜色，有的可产生色素使基质着色。霉菌繁殖迅速，常造成食品、用具的大量的霉腐变质，但霉菌中的许多有益种类已被广泛应用，是人类实践活动中最早利用和认识的一类微生物。

在自然界中，霉菌主要依靠产生形形色色的无性或有性孢子进行繁殖。孢子有点像植物的种子，不过数量特别多，特别小。

霉菌的无性孢子直接由生殖菌丝的分化而形成，常见的有节孢子、厚垣孢子、孢囊孢子和分生孢子。

霉菌的孢子具有小、轻、干、多，以及形态色泽各异、休眠期长和抗逆性强等特点，每个个体所产生的孢子数，经常是成千上万的，有时竟达几百亿、几千亿甚至更多。这些特点有助于霉菌在自然界中随处散播和繁殖。对人类的实践来说，孢子的这些特点有利于接种、扩大培养、菌种选育、保藏和鉴定等工作，对人类的不利之处则

发霉的水果

是易于造成污染、霉变和易于传播动植物的霉菌病害。

由于霉菌的菌丝较粗而长，因而霉菌的菌落较大，有的霉菌的菌丝蔓延，没有局限性，其菌落可扩展到整个培养皿，有的种则有一定的局限性，直径 1～2 厘米或更小。菌落质地一般比放线菌疏松，外观干燥，不透明，呈现或紧或松的蛛网状、绒毛状或棉絮状；菌落与培养基的连接紧密，不易挑取；菌落正反面的颜色和边缘与中心的颜色常不一致。

霉菌孢子

霉菌为适应不同的环境条件和更有效地摄取营养满足生长发育的需要，它们的菌丝可以分化成一些特殊的形态和组织，这种特化的形态称为菌丝变态。

生长在固体培养基上的霉菌菌丝可分为三部分：①营养菌丝。深入的培养基内，吸收营养物质的菌丝；②气生菌丝。营养菌丝向空中生长的菌丝；③繁殖菌丝。部分气生菌丝发育到一定阶段，分化为繁殖菌丝，产生孢子。

吸　器

由专性寄生霉菌如锈菌、霜霉菌和白粉菌等产生的菌丝变态，它们是从菌丝上产生出来的旁枝，侵入细胞内分化成根状、指状、球状和佛手状等，用以吸收寄主细胞内的养料。

假　根

根霉属霉菌的菌丝与营养基质接触处分化出的根状结构，有固着和吸收养料的功能。

菌网和菌环

某些捕食性霉菌的菌丝变态成环状或网状，用于捕捉其他小生物如线虫、草履虫等。

菌 核

大量菌丝集聚成的紧密组织，是一种休眠体，可抵抗不良的环境条件。其外层组织坚硬，颜色较深；内层疏松，大多呈白色。如药用的茯苓、麦角都是菌核。

子实体

是由大量气生菌丝体特化而成，子实体是指在里面或上面可产生孢子的、有一定形状的任何构造。例如有三类能产有性孢子的结构复杂的子实体，分别称为闭囊壳、子囊壳和子囊盘。

知识点

菌丝体

由许多菌丝连结在一起组成的营养体类型叫菌丝体。

单一丝网状细胞称为菌丝，菌丝集合在一起构成一定的宏观结构称为菌丝体。肉眼可以看见菌丝体，如长期储存的橘子皮上长出的蓝绿色绒毛状真菌，放久的馒头或面包上长出来的黑色绒毛状真菌。在固体培养基上霉菌的菌丝分化为营养菌丝和气生菌丝。营养菌丝深入到培养基内吸收养料；气生菌丝向空中生长，有些气生菌丝发育到一定阶段分化成繁殖菌丝，产生孢子。营养菌丝，又称基内菌丝、基质菌丝、一级菌丝，主要功能是吸收营养物质，有的可产生不同的色素，是菌种鉴定的重要依据。气生菌丝（二级菌丝）是指从基质伸向空气中的菌丝体。菌类的菌丝体多是匍匐在基质上，或是贯通基质而伸长的，为了孢子的形成而生长气生菌丝。在一定条件下，水生菌类也可以生长气生菌丝。真菌和放线菌的营养菌丝发育到一定时期，长出培养基外并伸向空间的菌丝称为气生菌丝。它叠生于营养菌丝上，以致可以覆盖整个菌落表面。在光学显微镜下，颜色较深，直径比营养菌丝粗，直形或弯曲，有的产生色素。

FANGDAHOU DE WEIGUAN SHIJIE

延伸阅读

霉菌毒素对蛋鸡的危害

霉菌毒素对人和畜禽的主要毒性，表现在神经和内分泌功能紊乱、免疫抑制、致癌致畸、肝肾损伤、繁殖障碍等。鸡天生对霉菌毒素敏感，饲料中较低的毒素含量就会造成鸡群大量死亡。

霉菌毒素对蛋鸡的影响集中表现在：卵巢和输卵管萎缩，产蛋量下降，产畸形蛋；采食量减少、生产性能下降、饲料报酬降低；种蛋的孵化率降低。不同霉菌毒素对蛋鸡造成的危害有所区别。在已经知道的霉菌毒素中对蛋鸡影响及毒害作用较大的有麦角毒素、单端孢霉毒素、腐马毒素、玉米赤霉烯酮、黄曲霉毒素、赭曲霉毒素等。

酵母菌

酵母菌是单细胞真核微生物。酵母菌细胞的形态通常有球形、卵圆形、腊肠形、椭圆形、柠檬形或藕节形等。比细菌的单细胞个体要大得多，一般为1～5微米或5～30微米。酵母菌无鞭毛，不能游动。

酵母菌在自然界中分布很广，尤其喜欢在偏酸性且含糖较多的环境中生长，例如，在水果、蔬菜、花蜜的表面和在果园土壤中最为常见。酵母菌具有典型的真核细胞结构，有细胞壁、细胞膜、细胞核、细胞质、液泡、线粒体等，有的还具有微体。

酵母菌最常见的无性繁殖方式是芽殖。芽殖发生在细胞壁的预定点上，此点被称为芽痕，每个酵母细胞有1个至多个芽痕。成熟的酵母细胞长出芽体，母细胞的细胞核分裂成2个子核，一个随母细胞的细胞质进入芽体内，当芽体接近母细胞大小时，自母细胞脱落成为新个体，如此继续出芽。如果酵母菌生长旺盛，在芽体尚未自母细胞脱落前，即可在芽体上又长出新的芽体，最后形成假菌丝状。

酵母菌的细胞壁厚约 25～70 纳米，细胞壁分为 3 层，外层为甘露聚糖；中层为蛋白质，其中多数是酶，少数是结构蛋白；内层为葡聚糖，它使细胞保持一定的机械强度。此外，细胞壁还含有少量脂类和几丁质（芽痕）。

不同种属的酵母菌细胞壁不含甘露聚糖。

营　养

酵母菌同其他活的有机体一样需要相似的营养物质，像细菌一样它有一套胞内和胞外酶系统，用以将大分子物质分解成细胞新陈代谢易利用的小分子物质。属于异养。

水　分

像细菌一样，酵母菌必须有水才能存活，但酵母需要的水分比细菌少，某些酵母能在水分极少的环境中生长，如蜂蜜和果酱，这表明它们对渗透压有相当高的耐受性。

酸　度

酵母菌能在 pH 值为 3.0～7.5 的范围内生长，最适 pH 值为 4.5～5.0。

温　度

在低于水的冰点或者高于 47℃ 的温度下，酵母细胞一般不能生长，最适宜的生长温度一般在 20℃～30℃。

氧　气

酵母菌在有氧和无氧的环境中都能生长，即酵母菌是兼性厌氧菌，在有氧的情况下，它把糖分解成二氧化碳和水，在有氧存在时，酵母菌生长较快。在缺氧的情况下，酵母菌把糖分解成酒精和二氧化碳。

用　途

人们最常提到的酿酒酵母，也称面包酵母，自从几千年前人类就用其发酵面包和酒类，在发酵面包和馒头的过程中面团中会放出二氧化碳。

因酵母属于简单的单细胞真核生物，易于培养，且生长迅速，被广泛用于现代生物学研究中。如酿酒酵母作为重要的模式生物，也是遗传学和分子生物学的重要研究材料。

我国古代劳动人民就利用酵母菌酿酒；酵母菌的细胞里含有丰富的蛋白质和维生素，所以也可以做成高级营养品加到食品中，或用作饲养动物的高级饲料。

酵母菌用于蒸制面食

知识点

单细胞生物

生物圈中还有肉眼很难看见的生物，它们的身体只有一个细胞，称为单细胞生物。生物可以根据构成的细胞数目分为单细胞生物和多细胞生物。单细胞生物只由单个细胞组成，而且经常会聚集成为细胞集落。单细胞生物个体微小，全部生命活动在一个细胞内完成，一般生活在水中。

延伸阅读

面包酵母

面包酵母分为压榨酵母、活性干酵母和快速活性干酵母。

1. 压榨酵母

采用酿酒酵母生产的含水分 70% ~ 73% 的块状产品。呈淡黄色，具有紧密的结构且易粉碎，有较强的发面能力。在 4℃ 可保藏 1 个月左右，在 0℃ 能保藏2~3个月。产品最初是用板框压滤机将离心后的酵母乳压榨脱水得到的，因而被称为压榨酵母，俗称鲜酵母。发面时，其用量为面粉量的1%~2%，发面温度为28℃~30℃，发面时间随酵母用量、发面温度和面团含糖量等因素而异，一般为1—3小时。

2. 活性干酵母

采用酿酒酵母生产的含水分8%左右、颗粒状、具有发面能力的干酵母产品。采用具有耐干燥能力、发酵力稳定的酵母经培养得到鲜酵母，再经挤压成型和干燥而制成。发酵效果与压榨酵母相近。产品用真空或充惰性气体（如氮气或二氧化碳）的铝箔袋或金属罐包装，货架寿命为半年到1年。与压榨酵母相比，它具有保藏期长，不需低温保藏、运输和使用方便等优点。

3. 快速活性干酵母

一种新型的具有快速高效发酵力的细小颗粒状（直径小于1毫米）产品。水分含量为4%~6%。它是在活性干酵母的基础上，采用遗传工程技术获得高度耐干燥的酿酒酵母菌株，经特殊的营养配比和严格的增殖培养条件以及采用流化床干燥设备干燥而得。与活性干酵母相同，采用真空或充惰气体保藏，货架寿命为1年以上。与活性干酵母相比，颗粒较小，发酵力高，使用时不需先水化而可直接与面粉混合加水制成面团发酵，在短时间内发酵完毕即可焙烤成食品。

真菌孢子

真菌孢子是真菌的主要繁殖器官。分为有性孢子和无性孢子两大类，前者通过两个细胞融合和基因组交换后形成，后者无此阶段而经菌丝分裂等形成。孢子在适宜条件下发芽，形成菌丝而进行分裂繁殖；当外界环境不适宜时可以呈休眠状态而生存很长时间。

无性孢子包括：节孢子，游动孢子，厚垣孢子，胞囊孢子，分生孢子。有性孢子分为：卵孢子，接合孢子，子囊孢子，担孢子。

真菌是广泛存在于自然界的一类真核细胞生物，具有真正的细胞核和细胞

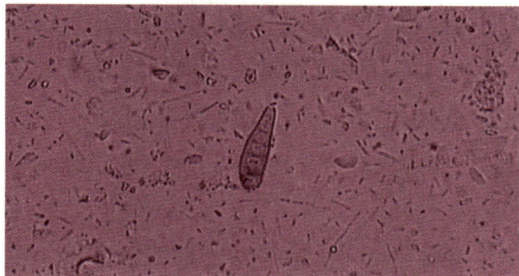

真菌孢子

器，不含叶绿素，以寄生和腐生方式吸取营养，估计全世界已记载的真菌有 10 万种以上，其中绝大多数对人类无害，只有少数真菌（约 200 余种）与人类疾病有关。真菌最适宜的生长条件为温度 22℃ ~ 36℃，湿度 95% ~ 100%，pH 5 ~ 6.5。真菌不耐热，100℃时大部分真菌在短时间内死亡，但低温条件下可长期存活；紫外线和 X 射线均不能杀死真菌，甲醛、石炭酸、碘酊和过氧乙酸等化学消毒剂均能迅速杀灭真菌。

按照菌落形态，真菌可分为酵母菌和霉菌两大类，前者菌落呈乳酪样，由孢子和芽生孢子组成，后者菌落呈毛样，由菌丝组成，故又称为丝状真菌。有的致病真菌在自然界或 25℃ 培养时呈菌丝形态，而在组织中或在 37℃ 培养时则呈酵母形态，称为双相真菌。

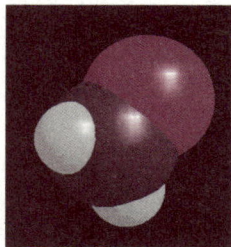

甲醛分子模型

节孢子

节孢子又称粉孢子，其形成过程是菌丝生长到一定阶段，菌丝上生出许多横隔，然后从分隔出断裂，产生许多形状如短柱状、筒状或两端呈钝圆形的节孢子。

游动孢子

游动孢子产生在由菌丝膨大而成的游动孢子囊内。孢子通常为圆形、洋梨形或肾形，具一根或两根鞭毛，能够游动。产生游动孢子的真菌多为鞭毛菌门的水生真菌。

厚垣孢子

厚垣孢子又称厚壁孢子。它是由菌丝中间的个别细胞膨大，原生质浓缩和细胞壁变厚而形成的休眠孢子。厚垣孢子呈圆形、纺锤形或长方形，它是霉菌度过不良环境的一种休眠细胞，寿命较长，菌丝体死亡后，上面后患孢子还活着，一旦环境条件好转，又能萌发成菌丝体。

胞囊孢子

生在孢子囊内的孢子称胞囊孢子。这是一种内生孢子，在孢子形成时，气生菌丝或孢囊梗顶端膨大，并在下方生出横隔与菌丝分开而形成的孢子囊。孢子囊逐渐长大，然后在囊中形成许多核，每一个核包以原生质尉基础产生孢子壁，即形成包囊孢子。原来膨大的细胞壁就成为孢囊壁。伸入到孢子囊中的包囊梗部分称为囊轴。孢子囊成熟后破裂，孢子囊孢子跨散出来，遇适宜条件即可萌发成新的个体。

分生孢子

分生孢子是霉菌中常见的一类无性孢子，是生于细胞外的孢子，所以又称为外生孢子。分生孢子着生与已分化的分生孢子梗或具有一定形状的小梗上，也有些真菌的分生孢子就着生在菌丝的顶端。

卵孢子

卵孢子是由两个大小不同的配子囊结合发育而成的。小型配子囊称为雄器。大型的配子囊称为藏卵器。藏卵器中的原生质与雄器配合以前，收缩成一个或数个原生质团，称卵球。当雄器与藏卵器配合时，雄器中的细胞质与细胞核通过受精管而进入藏卵器与卵球结合，此后卵球生出外壁即成为卵孢子。卵孢子的数量取决于卵球的数量。

子囊孢子

子囊孢子指产生在子囊菌子囊内的孢子。在即将形成孢子之前，子囊内进行核融合和减数分裂，一般一个子囊内产生 8 个孢子，普通为椭圆形，有的是针状态体或带有隔壁。在表面上可以看到纹、刺、网眼等。不同的特征，其颜色也各种各样：有的无色，有的淡黄色、淡红色、橙色、褐色及黑色等。普通在子囊内并列成一排，其一半与另一半性别各不相同。孢子一般在子囊内排成一列，其中半数与其他半数各为不同的性属。

接合孢子

接合孢子是由菌丝生出的，结构基本相似，形态相同或略有不同的两个配子囊接合而成。首先，两个化学诱发，各自向对方伸出极短的特殊菌丝，称为接合子梗。性质协调的两个接合子梗成对地相互吸引，并在它们的顶部融合形成融合膜。两个接合子梗的顶端膨大，形成原配子囊。而后，在靠近每个配子囊的顶端形成一个隔膜——配子囊隔膜，使二者都分隔成两个细胞，即一个顶生的配子囊柄细胞，随后融合膜消解，两个配子囊发生质配，最后核配。由两个配子囊融合而成的细胞，起初叫原接合配子囊。原接合配子囊再膨大发育成厚而多层的壁，变成颜色很深、体积较大的接合孢子囊，在它的内部产生一个接合孢子。应该强调的是，接合孢子囊和接合孢子在结构上是不相同的。接合孢子经过一定的休眠期，在适宜的环境条件下，萌发成新的菌丝。

担孢子

真菌界，担子菌门的有性孢子。由担子经核配、减数分裂形成的单倍体细胞。生长在担子的前端，有小梗与担子相连。成熟的担孢子由小梗弹射散出，萌发后形成初级菌丝。

在蕈菌的发育过程中，其菌丝的分化可明显地分成五个阶段：①形成一级菌丝：担孢子萌发，形成由许多单核细胞构成的菌丝，称一级菌丝；②形成二级菌丝：不同性别的一级菌丝发生接合后，通过质配形成了由双核细胞构成的二级菌丝，它通过独特的"锁状联合"，即成喙状突起而联合两个细胞的方式不断使双核细胞分裂，从而使菌丝尖端不断向前延伸；③形成三级菌丝：到条件合适时，大量的二级菌丝分化为多种菌丝束，即为三级菌丝；④形成子实体：菌丝束在适宜条件下会形成菌蕾，然后再分化、膨大成大型子实体；⑤产生担孢子：子实体成熟后，双核菌丝的顶端膨大，其中的两个核融合成一个新核，此过程称为核配，新核经两次分裂（其中有一次为减数分裂），产生4个单倍体子核，最后在担子细胞的顶端形成4个独特的有性孢子，即为担孢子。

知识点

基　因

基因（遗传因子）是遗传的物质基础，是DNA（脱氧核糖核酸）分子上具有遗传信息的特定核苷酸序列的总称，是具有遗传效应的DNA分子片段。基因通过复制把遗传信息传递给下一代，使后代出现与亲代相似的性状。人类有几万个基因，储存着生命孕育生长、凋亡过程的全部信息，通过复制、表达、修复，完成生命繁衍、细胞分裂和蛋白质合成等重要生理过程。基因是生命的密码，记录和传递着遗传信息。生物体的生、长、病、老、死等一切生命现象都与基因有关。它同时也决定着人体健康的内在因素，与人类的健康密切相关。

延伸阅读

真菌起源

真菌在地球上存在了多长时间至今还不清楚，对真菌的起源也没有确切的结论。真菌的有些特点和植物相似，然而在某些方面又和动物有相似之处。近年来根据营养方式的比较研究，真菌不是植物也不是动物，而是一个独立的生物类群——真菌界。

1. 起源多元论

根据性器官的形态及交配方式，认为真菌来自藻类。壶菌目自原藻演化而来；水霉目演自无隔藻；毛霉自演接合藻；子囊菌和担子菌由红藻演化而来，这些藻类因丧失色素而从自养变成异养，生理的变化引起了形态的改变。这就是真菌起源的多元论观点。

2. 鞭毛生物起源论

认为绝大多数真菌是起源于一种原始水生生物——鞭毛生物，单细胞，具一至数根鞭毛，有的有叶绿素和其他色素，有的无色素，具色素的演化为藻类，无色素的演化为菌类。真菌和藻类都起源于鞭毛生物。

曲霉属真菌

曲霉属是丛梗孢目、丛梗孢科中的一属。营养体是分隔的菌丝，分生孢子梗直接由营养菌丝产生，分枝形成分生孢子梗的细胞称作足细胞。分生孢子梗由一根直立的菌丝形成，菌丝的末端形成球状膨胀（顶囊），在一些种中，顶囊部分的或全部的为瓶梗（初生小梗）融合层所覆盖，而在大部分种中，顶囊由小梗（初生小梗或梗茎）融合层和瓶梗的融合重叠层所覆盖。每个瓶梗向茎地产生一条球形、有色、不分隔的分生孢子链。根据种的不同，分生孢子可以是黄色、绿色或黑色等。

此属在自然界分布极广，是引起多种物质霉腐的主要微生物之一（如面包腐败、煤生物分解及皮革变质等）。其中以黄曲霉具有很强毒性。绿色和黑色的具有很强的酶活性，在食品发酵中广泛用于制酱、酿酒。现代发酵工业中用于生产葡萄糖氧化酶、糖化酶和蛋白酶等酶制剂。其他菌株有：黄曲霉，烟曲霉，灰绿曲霉，构巢曲霉，寄生曲霉，土曲霉和杂色曲霉等。

霉菌中的一群，包括米曲霉、黑曲霉等。一般是从匍匐于基质上的菌丝向空中伸出球形或椭圆形顶囊的分生孢子梗，在其顶端的小梗或进一步分枝的次级小梗上生出链状的

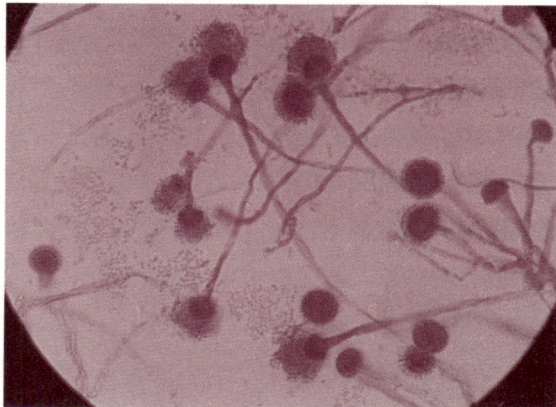

曲霉菌

分生孢子。在不具有性生殖的种类中虽少，但都产生封闭的子囊果。以米曲霉为主的霉菌，大都和酒、豆酱、酱油等的酿造有密切关系。一方面有很多菌种可被用于各种有益物质的生产，如用于蛋白消化剂的蛋白酶（酱油曲霉）、柠檬酸（黑曲霉）、衣康酸（土曲霉、解乌头酸曲霉）以及曲酸（黄曲霉）等；但另一方面，也有不少侵害家禽、家畜甚至人体内脏特别是呼吸器官的病菌，如引起曲霉症的烟曲霉，以及产生剧毒的黄曲霉毒素。在蚕硬化病中，有一种曲霉病，是幼蚕期的重要蚕病，其病原菌即是黄曲霉（褐僵病菌）、米曲霉（曲病菌）等霉菌引起的。

知识点

分生孢子

常指由真菌产生的一种形小、量大、外生的无性繁殖体。多为单细胞、色较深、不运动、抗干燥。一般由分生孢子梗等特殊菌丝通过断裂形成，成熟后分生。形态、构造、大小、颜色和排列等特征因种而异，是菌种鉴定的重要依据。实践上可用于分离、筛选、育种、保藏和接种扩大等。放线菌也有类似的分生孢子。

一种无性孢子，可以为一个到多个细胞的，和有许多不同的形状（子囊菌、担子菌、半知菌产生的无性孢子，大多由芽殖、裂殖方式产生）。

▶▶▶ 延伸阅读

黄曲霉毒素与动物疾病

黄曲霉毒素中毒主要对动物肝脏的伤害，受伤害的个体因动物种类、年龄、性别和营养状态而异。研究结果表明，黄曲霉毒素可导致肝功能下降，降低牛奶产量和产蛋率，并使动物的免疫力降低，易受有害微生物的感染。此外，长期食用含低浓度黄曲霉毒素的饲料也可导致胚胎内中毒，通常年幼的动物对黄曲霉毒素更敏感，黄曲霉毒素的临床表现为消化系统功能紊乱、降低生育能力、降低饲料利用率、贫血等。黄曲霉毒素不仅能够使奶牛的产奶量下降，而且还使牛奶中含有转型的黄曲霉毒素 m_1 和 m_2。据美国农业经济学家统计，由于食用黄曲霉毒素污染的饲料，每年至少要使美国畜牧业遭受 10% 的经济损失。在我国，由此而带来的畜牧业损失可能会更大。

青 霉

青霉一般指青霉属，为分布很广的半知菌纲中的一属，和曲霉属有亲缘关系，有二百几十种，代表种是灰绿青霉，从土壤或空气中很易分离，分枝呈帚状的分生孢子从菌丝体伸向空中，各顶端的小梗产生链状的青绿或褐色的分生孢子。根据分生孢子顶端的膨大与否，与曲霉属相区别。该属菌产生一种特殊物质。自从弗莱明发现特异青霉产生抑制细菌生长物质——青霉素以来，已对该属菌的很多种进行了研究。特异青霉已被用于制造青霉素，但不具这种生产功能的种还很多，同时，其生产也并不限于青霉属。已知在生理学方面类似曲霉属，同时有很多能产生毒枝菌素。

青霉菌属多细胞，营养菌丝体无色、淡色或具鲜明颜色。菌丝有横隔，分生孢子梗亦有横隔，光滑或粗糙。基部无足细胞，顶端不形成膨大的顶囊，其分生孢子梗经过多次分枝，产生几轮对称或不对称的小梗，形如扫帚，称为帚状体。分生孢子球形、椭圆形或短柱形，光滑或粗糙，大部分生长时呈蓝绿色。有少数种产生闭囊壳，内形成子囊和子囊孢子，亦有少数菌种产生菌核。

青霉的孢子耐热性较强，菌体繁殖温度较低，酒石酸、苹果酸、柠檬酸等饮料中常用的酸味剂又是它喜爱的碳源，因而常常引起这些制品的霉变。

自然界中已发现的青霉绝大多数以无性繁殖的方式繁衍后代，即分生孢子萌发为菌丝体，在气生菌丝上产生分生孢子梗，在分生孢子梗上串生许多分生孢子，分生孢子在适宜环境中又萌发为菌丝体，以此循环往复。

知识点

弗莱明

亚历山大·弗莱明（1881—1955），英国细菌学家。是他首先发现青霉素。后英国病理学家弗洛里、德国生物化学家钱恩进一步研究改进，并成功地用于医治人的疾病，三人共获诺贝尔生理学或医学奖。青霉素的发现，使人类找到了一种具有强大杀菌作用的药物，结束了传染病几乎无法治疗的时代；从此出现了寻找抗生素新药的高潮，人类进入了合成新药的新时代。在美国学者麦克·哈特所著的《影响人类历史进程的100名人排行榜》，弗莱明名列第四十三位。

延伸阅读

青霉素

青霉素又被称为盘尼西林、配尼西林、青霉素钠、苄青霉素钠、青霉素钾、苄青霉素钾。青霉素是抗生素的一种，是指从青霉菌培养液中提制的分子中含有青霉烷、能破坏细菌的细胞壁并在细菌细胞的繁殖期起杀菌作用的一类抗生素，是第一种能够治疗人类疾病的抗生素。青霉素类抗生素是 β-内酰胺类中一大类抗生素的总称。

1928 年英国细菌学家弗莱明首先发现了世界上第一种抗生素——青霉素，1941 年前后英国牛津大学病理学家霍华德·弗洛里与生物化学家钱恩实现对青霉素的分离与纯化，并发现其对传染病的疗效，弗莱明、弗洛里、钱恩三人共同获得 1945 年诺贝尔奖。目前所用的抗生素大多数是从微生物培养液中提取的，有些抗生素已能人工合成。由于不同种类的抗生素的化学成分不一，因此它们对微生物的作用机制也很不相同，有些抑制蛋白质的合成，有些抑制核酸的合成，有些则抑制细胞壁的合成。

黑曲霉

黑曲霉是半知菌亚门，丝孢纲，丝孢目，丛梗孢科，曲霉属中的一个常见种。

黑曲霉生孢子梗自基质中伸出，直径15～20微米，长1～3毫米，壁厚而光滑。顶部形成球形顶囊，其上全面覆盖一层梗基和一层小梗，小梗上长有成串褐黑色的球状分生孢子。孢子直径2.5～4微米。分生孢子头球状，直径700～800微米，褐黑色。菌落蔓延迅速，初为白色，后变成鲜黄色直至黑色厚绒状。

背面无色或中央略带黄褐色。有时在新分离的菌株中能找到白色、圆形、直径约1毫米的菌核。分生孢子头褐黑色放射状，分生孢子梗长短不一。顶囊球形，双层小梗。分生孢子褐色球形。

黑曲霉广泛分布于世界各地的粮食、植物性产品和土壤中，是重要的发酵工业菌种，可生产淀粉酶、酸性蛋白酶、纤维素酶、果胶酶、葡萄糖氧化酶、柠檬酸、葡糖酸和没食子酸等。有的菌株还可将羟基孕甾酮转化为雄烯。生长适温为37℃左右，最低相对湿度为88%，能引起水分较高的粮食霉变和其他工业器材的霉变。

知识点

发酵

发酵有时也写作酦酵，其定义由使用场合的不同而不同。通常所说的发酵，多是指生物体对于有机物的某种分解过程。发酵是人类较早接触的一种生物化学反应，如今在食品工业、生物和化学工业中均有广泛应用。其也是生物工程的基本过程，即发酵工程。对于其机理以及过程控制的研究，还在继续。

延伸阅读

真菌的演化

生活方式上：水生真菌是原始型，演化的过程是由水生到陆生，并且推测在演化过程中还可能返回水生的习性。从而认为具有鞭毛的游动孢子比较原始，而不游动的静止孢子是相对进化的。

营养方式上：腐生方式是原始的生活类型，寄生生活方式比腐生生活方式高级。专性寄生生活方式比兼性寄生生活方式高级，最高级的生活方式是特异性的专性寄生方式。

真菌结构上：由简单到复杂，再由复杂退化和失去特殊的结构，使结构简单化。

新技术的广泛应用，对修订真菌的起源和演化提供了科学依据。目前认为真菌演化的主轴路线：鞭毛生物—壶菌—接合菌—子囊菌—担子菌。

黑根霉

黑根霉是真菌的一种，属于真菌门接合菌亚门的根霉属，菌丝无隔，常利用它的糖化作用，比如甜酒曲中的主要菌种就是黑根霉。

匍枝根霉亦称黑根霉，也叫面包霉，分布广泛，常寄生在面包和日常食品上，或混杂于培养基中，瓜果蔬菜等在运输和贮藏中的腐烂及甘薯的软腐都与其有关，菌丝体分泌出果胶酶，分解寄主的细胞壁，感染部位很快会腐烂形成黑斑。黑根霉是目前发酵工业上常使用的微生物菌种。黑根霉的最适生长温度约为28℃，超过32℃不再生长。

黑根霉是一种腐生于面包、馒头和米饭上的真菌。横向生长的菌丝在其膨大处产生假根，伸入基质。无性繁殖时，在假根处向上产生直立的孢子囊梗，顶端膨大成球形的孢子囊，囊中产生孢子，成熟时呈黑色。孢子散出后，在适宜的基质上萌发形成新的菌丝体。

知识点

酒 曲

在经过强烈蒸煮的白米中，移入曲霉的分生孢子，然后保温，米粒上即茂盛地生长出菌丝，此即酒曲。在曲霉的淀粉酶的强力作用而糖化米的淀粉，因此，自古以来就把它和麦芽同时作为糖的原料，用来制造酒、甜酒和豆酱等。用麦类代替米者称麦曲。

延伸阅读

酒曲起源

酒曲的起源已不可考，关于酒曲的最早文字可能就是周朝著作《尚书·说命篇》；中的"若作酒醴，尔惟曲蘗"。从科学原理加以分析，酒曲实际上是从发霉的谷物演变来的。酒曲的生产技术在北魏时代的《齐民要术》中第一次得到全面总结，在宋代已达到极高的水平。主要表现在：酒曲品种齐全，工艺技术完善，酒曲尤其是南方的小曲糖化发酵力都很高。现代酒曲仍广泛用于黄酒、白酒等的酿造。

在生产技术上，由于对微生物及酿酒理论知识的掌握，酒曲的发展跃上了一个新台阶。原始的酒曲是发霉或发芽的谷物，人们加以改良，就制成了适于酿酒的酒曲。由于所采用的原料及制作方法不同，生产地区的自然条件有异，酒曲的品种丰富多彩。大致在宋代，中国酒曲的种类和制造技术基本上定型。后世在此基础上还有一些改进。

FANGDAHOU DE WEIGUAN SHIJIE

担子菌

担子菌亚门是一群多种多样的真菌，全世界有 1 100 属，16 000 余种。都是由多细胞的菌丝体组成的有机体，菌丝均具横隔膜。在整个发育过程中，产生两种形式不同的菌丝：一种是由担孢子萌发形成具有单核的菌丝，这叫做初生菌丝；另一种是以后通过单核菌丝的接合，核并不及时结合而保持双核的状态，这种菌丝叫次生菌丝。次生菌丝双核时期相当长，这是担子菌的特点之一。担子菌最大特点是形成担子、担孢子。在形成担子和担孢子的过程中，菌丝顶端细胞壁上生出一个喙状突起，突起向下弯曲，形成一种特殊的结构，叫锁状连合，在锁状连合的过程中，细胞内二核经过一系列的变化由分裂到融合，形成一个二倍体（2n）的核，此核经二次分裂，其中一次为减数分裂，于是产生 4 个单倍体（n）子核。这时顶端细胞膨大成为担子，担子上生出 4 个小梗，于是 4 个小核分别各移入小梗内，共发育成 4 个孢子——担孢子。产生担孢子的复杂结构的菌丝体叫做担子果，就是担子菌的子实体，其形态、大小、颜色各不相同，如伞状、扇状、球状、头状、笔状等。现代分类学将担子菌亚门分为 4 个纲，即层菌纲，如银耳、木耳、蘑菇、灵芝等；腹菌纲，如马勃、鬼笔等；锈菌纲和黑粉菌纲，如玉米黑粉（棒子包）。层菌纲中最常见的一类是伞菌类，这一类担子菌具有伞状或帽状的子实体，上面展开的部分叫菌盖。菌盖下面自中央到边缘有许多呈辐射状排列的片状物，称为菌褶。用显微镜观察菌褶时，可见棒状细胞，叫担子，顶端有 4 个小梗，每一个小梗上生一个担孢子。夹在担子之间有一些不产生担孢子的菌丝叫侧丝，担子和侧丝构成子实层。菌褶的中部是菌丝交织的菌髓，有些伞菌，在菌褶之间还有少数横列的大型细胞叫隔胞（囊状体），隔胞将菌褶撑开，

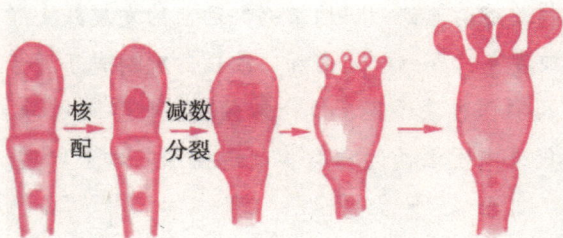

担孢子的形成过程

有利于担孢子的散布。菌盖的下面是细长的柄，称菌柄。有些伞菌的子实体幼小时，连在菌盖边缘和菌柄间有一层膜，叫内菌幕，在菌盖张开时，内菌幕破裂，遗留在菌柄上的部分构成菌环。有些子实体幼小时外面有一层膜包被，叫外菌幕，当菌柄伸长时，包被破裂，残留在菌柄的基部的一部分而成菌托。这些结构的特征是鉴别伞菌的重要依据。很多种伞菌可供食用，但少数有毒。

知识点

灵　芝

灵芝又称灵芝草、神芝、芝草、仙草、瑞草，是多孔菌科植物赤芝或紫芝的全株。以紫灵芝药效为最好，灵芝原产于亚洲东部，我国分布最广的在江西。灵芝作为拥有数千年药用历史的中国传统珍贵药材，具备很高的药用价值，经过科研机构数十年的现代药理学研究证实，灵芝对于增强人体免疫力，调节血糖，控制血压，辅助肿瘤放化疗，保肝护肝，促进睡眠等方面均具有显著疗效。

延伸阅读

真菌光

原始雨林乌黑的夜晚，是伸手不见五指的。不过，如果幸运，会踏入一片星空的领域：这就是发光真菌的国度。

目前在全世界范围内发现了71种会发光的真菌，在日本，在南亚，在南美，都有发现。全球的科学家们每发现一种新的真菌，都会把它放在黑暗中，希望它是光照系生物的一员。这些蘑菇真菌的发光原理，仍然没有很充分的研究，似乎和萤火虫的化学生物反应类似。而且它们的目的也很类似，为了后代繁育，在无风闭塞的丛林，发光真菌吸引飞虫路过"打酱油"，顺便将孢子一并带走并撒开。

镰刀菌

在分类学上，镰刀菌无性时期原属于半知菌亚门，有性时期为子囊菌亚门。自从 1809 年首先在锦葵科植物上发现第一株镰刀菌，定名粉红镰刀菌以来，镰刀菌的种类已发现大约 44 种和 7 个变种。它们分布极广，普遍存在于土壤及动植物有机体上，甚至存在于严寒的北极和干旱炎热的沙漠，属于兼寄生或腐生生活。

镰刀菌的有性时期分别属于肉座菌科的赤霉属、丛赤壳属、丽赤壳属和小赤壳属等。除 *Gillerella zea* 这类镰刀菌极为常见和易培养外，大部分种类在培养基上较少形成子囊壳，而且有些种类至今未发现有性时期，因此在镰刀菌鉴定上主要根据无性时期的形态特征。

镰刀菌是一类世界性分布的真菌，它不仅可以在土壤中越冬越夏，还可浸染多种植物（粮食作物、经济作物、药用植物及观赏植物），引起植物的根腐、茎腐、茎基腐、花腐和穗腐等多种病害，寄主植物达 100 余种，浸染寄主植物维管束系统，破坏植物的输导组织维管束，并在生长发育代谢过程中产生毒素危害作物，造成作物萎蔫死亡，影响产量和品质，是生产上防治最艰难的重要病害之一。

很多镰刀菌可以使昆虫染病，如嗜蚧镰孢，在自然条件

香蕉镰刀菌枯萎病

下可以控制害虫虫口密度。镰刀菌在植物线虫防治方面也具有重要意义。此外非致病性镰刀菌还可以用来防治镰刀菌病害，如利用棉花体内非致病镰刀菌对棉花黄萎病进行诱导防治，田间试验结果显示，在棉田第一次黄萎病发病高峰时，非致病镰刀菌对黄萎病的防效较理想。有的镰刀菌在自然界中可分解纤维素降解有机物，对自然界的物质循环起着一定的作用，在生物脱除氮氧化物，生物降解酚类化合物、氰化物和合成染料，吸收、蓄积、降解多环芳烃等方面有着巨大潜力，对环境保护起着不可忽视的力量。

知识点

腐 生

　　腐生是生物体获得营养的一种方式。凡从动植物尸体或腐烂组织获取营养维持自身生活的生物叫"腐生生物"。大多数霉菌、细菌、酵母菌及少数高等植物都属"腐生生物"。土壤中的腐生物的有氧分解作用，是物质循环的必要环节。

　　蘑菇、香菇、木耳、银耳、猴头、灵芝等都是典型的腐生生物，它们大都生活在枯死的树枝、树根上或富含有机物的地方。曲霉、青霉等霉菌也都是腐生生物，它们的身体是由菌丝构成。

延伸阅读

海南香蕉枯萎病

　　2007年4月，正值海南省香蕉收获季节。但是海南省香蕉价格从3月20日起不正常地大幅下跌，收购商减少，蕉农销售困难，造成了很大损失。这主要是由于3月13日以来部分媒体的报道称香蕉"巴拿马病"不但是癌症，也是香蕉世界的SARS。不少消费者误解为吃了香蕉易患癌症；还有媒体报道香蕉是"毒水果",导致了消费者的恐慌。

　　据专家介绍,香蕉巴拿马病学名为香蕉枯萎病,是由镰刀菌感染而引起的植物病害,当时在我国广东、海南主产区有不同程度的发生,对香蕉产业造成了较大危害,但成熟的果实是不带菌的,消费者可放心食用香蕉。

叫人不寒而栗的病毒

FANGDAHOU DE WEIGUAN SHIJIE

病毒是非常可怕的微生物，它们的存在，会引发许多疾病。

它们体型很小，通常以纳米为测量单位、结构简单、寄生性强，是可以通过复制进行繁殖的一类非细胞型微生物。

病毒是比细菌的体型还小、没有细胞结构、只能在细胞中增殖的微生物。由蛋白质和核酸组成，多数病毒要用电子显微镜才能观察到。

病毒能增殖、遗传和演化，因而具有生命最基本的特征。

关于病毒所导致的疾病，早在公元前2世纪至3世纪的印度和中国就有了关于天花的记录。但直到19世纪末，病毒才开始逐渐得以发现和鉴定。

流感病毒

流行性感冒病毒，简称流感病毒，是一种造成人类及动物患流行性感冒的RNA病毒，在分类学上，流感病毒属于正黏液病毒科，它会造成急性上呼吸道感染，并借由空气迅速地传播，在世界各地常会有周期性的大流行。病毒最早是在1933年由英国人威尔逊·史密斯（Wilson Smith）发现的，他称为H1N1。H代表血凝素；N代表神经氨酸酶。数字代表不同类型。

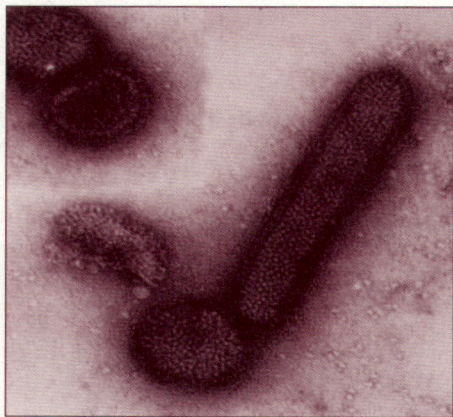

显微镜下的流感病毒

流感病毒感染将导致宿主细胞变性、坏死乃至脱落，造成黏膜充血、水肿和分泌物增加，从而产生鼻塞、流涕、咽喉疼痛、干咳以及其他上呼吸道感染症状，当病毒蔓延至下呼吸道，则可能引起毛细支气管炎和间质性肺炎。

病毒感染还会诱导干扰素的表达和细胞的免疫调理，造成一些人体自身免疫反应，包括高热、头痛、腓肠肌及全身肌肉疼痛等症状，病毒代谢的毒素样产物以及细胞坏死释放产物也会造成和加剧上述反应。

由于流感病毒感染会降低呼吸道黏膜上皮细胞清除和黏附异物的能力，所以大大降低了人体抵御呼吸道感染的能力，因此流感经常会导致继发性感染，由流感造成的继发性肺炎是流感致死的主要死因之一。

知识点

宿　主

宿主是能给病原体提供营养和场所的生物。包括人和动物。一些病原体（如伤寒杆菌、痢疾杆菌）只感染人，而有些病原体可能有许多宿主，如狂犬病病毒可寄生在狗、狼、猫等动物体内。宿主不只是被动地接受病原体的损害，而且主动产生抵制、中和外来侵袭的能力。如果宿主的抵抗力较强，病原体就难以侵入或侵入后迅速被排除或消灭。

宿主排出病原体的方式可能有很多种。常见于呼吸道、消化道、皮肤和血液（吸血昆虫叮咬）。其排出途径决定于侵入门户、病原体的特异性定位和可能的传播条件。

→ **延伸阅读**

流感预防

防治流感病毒一方面要加强流感病毒变异的检测，尽量作出准确的预报，以便进行有针对性的疫苗接种；另一方面是切断流感病毒在人群中的传播，流感病毒依靠飞沫传染，尽早发现流感患者、对公共场所使用化学消毒剂熏蒸等手段可以有效抑制流感病毒的传播；对于流感患者，可以使用干扰素、金刚烷胺、奥司他韦等药物进行治疗。干扰素是一种可以抑制病毒复制的细胞因子，金刚烷胺可以作用于流感病毒膜蛋白和血凝素蛋白，阻止病毒进入宿主细胞，奥司他韦可以抑制神经氨酸酶活性，阻止成熟的病毒离开宿主细胞。还有迹象显示板蓝根、大青叶等中药可能有抑制流感病毒的活性，但是未获实验事实的证实。除了针对流感病毒的治疗，更多的治疗是针对流感病毒引起的症状的，包括非甾体抗炎药等，这些药物能够缓解流感症状但是并不能缩短病程。

禽流感病毒

禽流感病毒（AIV）属甲型流感病毒。流感病毒属于 RNA 病毒的正黏病毒科，分甲、乙、丙 3 个型。其中甲型流感病毒多发于禽类，一些亚型也可感染猪、马、海豹和鲸等各种哺乳动物及人类；乙型和丙型流感病毒的感染对象则分别见于海豹和猪。甲型流感病毒呈多形性，其中球形直径 80 ~ 120 纳米，有囊膜，基因组为分节段单股负链RNA。依据其外膜血凝素和神经氨酸酶蛋白抗原性的不同，目前可分为 15 个

禽流感病毒攻击健康的细胞

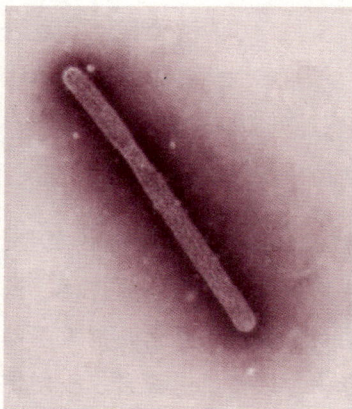

禽流感病毒

H 亚型（H1～H15）和 9 个 N 亚型（N1～N9）。感染人的禽流感病毒亚型主要为 H5N1、H9N2、H7N7，其中感染 H5N1 的患者病情重，病死率高。

　　一般来说，禽流感病毒与人流感病毒存在受体特异性差异，禽流感病毒是不容易感染给人的。个别造成人感染发病的禽流感病毒可能是发生了变异的病毒。变异的可能性：①两种以上的病毒进入同一细胞进行重组，如猪既可感染人流感病毒，又可能感染禽流感病毒，每种病毒都具有 8 个基因片段，从理论上讲，可以形成 256 个新的重组病毒；②病毒基因位点由于某种因素的影响而不同。1983 年 4 月，美国宾夕法尼亚州曾暴发 H5N2 型病毒引起的鸡和火鸡低致病性禽流感，由于没有及时得到有效的控制，到同年 10 月份，同样的 H5N2 型毒株突然由低致病性变成高致病性，造成禽类大量死亡。

　　流感 A 病毒聚合酶由 3 种蛋白组成——PA、PB1 和 PB2，是转录和复制的关键。现在，两个小组报告了禽流感病毒 H5N1 PA 的 C 端区域在与 PB1 的 PA 结合区域所形成的复合物中的晶体结构。这项结构研究对于新型抗病毒药物的设计可能会有用。

知识点

病　毒

　　病毒，是一类不具细胞结构，具有遗传、复制等生命特征的微生物。

　　病毒同所有生物一样，具有遗传、变异、进化的能力，是一种体积非常微小，结构极其简单的生命形式，病毒有高度的寄生性，完全依赖宿主细胞的能量和代谢系统，获取生命活动所需的物质和能量，离开宿主细胞，它只是一个大化学分子，停止活动，可制成蛋白质结晶，为一个非生命体，遇到宿主细胞它会通过吸附、进入、复制、装配、释放子代病毒而显示典型的生命体特征，所以病毒是介于生物与非生物的一种原始的生命体。

延伸阅读

禽流感病毒与人类疾病

感染人的禽流感病毒亚型主要为 H5N1、H9N2、H7N7，其中感染 H5N1 的患者病情重，病死率高。研究表明，原本为低致病性禽流感病毒株（H5N1、H7N7、H9N2），可经 6—9 个月禽间流行的迅速变异而成为高致病性毒株（H5N1）。

传播途径主要是经呼吸道传播，通过密切接触感染的禽类及其分泌物、排泄物、受病毒污染的水等，以及直接接触病毒毒株被感染。在感染水禽的粪便中含有高浓度的病毒，并通过污染的水源由粪便到口的途径传播流感病毒。目前还没有发现人感染的隐性带毒者，尚无人与人之间传播的确切证据。

人类对禽流感的研究和防治工作已有 100 多年的历史。目前研究结果表明，禽流感病毒中缺乏人流感病毒的基因片段，除非禽流感病毒与人流感病毒发生基因重组，否则它很难侵入人体，导致人与人间传播。人禽流感的发生，目前只可能是因接触的病禽而感染。人感染该病毒的几率很小。

禽流感病毒属甲型流感病毒。流感病毒属于 RNA 病毒的正黏病毒科，分甲、乙、丙 3 个型。

甲型 H1N1 病毒

H1N1 是一种病毒，是正粘病毒科的一种病毒。它的宿主是鸟类和一些哺乳动物。几乎所有甲型的 H1N1 病毒已被隔离野生鸟类，出现罕见的疾病属。

有些 H1N1 病毒引起严重的疾病大多发生于家禽方面，而人类却很少出现。但经过鸟类和哺乳动物的传播和变异，这可能导致疫情或人类流感大面积传播。

在 H1N1 为标记根据的 H 号码（类型的血凝素）和一个 N 号码（类型的神经氨酸酶）。每个亚型禽流感病毒已经变异成为各种菌株具有不同的致病概况；一些致病的一个物种，但不接受其他一些致病的多个物种。

H1N1 病毒有 16 个不同的 HA 抗原（H1 至 H16）和 9 个不同的适用抗原（N1 至 N9）。

由于 H1N1 受到的免疫压力较大，8 个基因片段的氨基酸变化不断积累，其抗原变异明显。在孤立的地理环境中，H1N1 却可持续存在并保持相对的遗传稳定性。

甲型 H1N1 病毒

不同的病毒相遇后交换基因，变异为新型的混种病毒，人类对其缺乏免疫力。这将使得禽流感疫情的波及范围和后续影响难以估测，但该病毒的攻击性，人体免疫力的个体差异和人类从对抗各种流行性感冒中所获取的综合抵抗力都是决定这次疫情状况的决定性因素。

许多人第一次听说猪还会有流感，因此对猪肉产生了恐惧，有的国家还以防止猪流感为由开始大规模杀猪或禁止进口猪肉。目前并没有在猪当中发现有这种病毒，有人——特别是养猪业的人士——为猪而鸣不平，认为猪被冤枉了。为了不想让猪担当恶名，世界卫生组织在叫了一阵猪流感之后，正名为 A 型 H1N1 流感，国内把它汉化为甲型 H1N1 流感。媒体有时则干脆简称为甲型流感，这种简称极为不当，因为流感病毒分为甲、乙、丙（或 A、B、C）3 型，其中最常见的就是甲型，每年流行的季节性流感大多是甲型流感。因此，把这次特别的流感简单地称为甲型流感并不能将它与一般的流感区分开。

知识点

宿主细胞

宿主细胞,病毒侵入的细胞就叫宿主细胞。病毒一般没有成型的细胞核,一般被蛋白质所包裹在里面的是它的遗传物质,在病毒获得宿主后,利用宿主的蛋白质和其他物质制造自己的身体,然后将遗传物质注入细胞内部感染细胞,有的使细胞死亡,有的会使细胞变异,也就是所谓的癌变。

➤➤ 延伸阅读

易感染高危人群

接触甲型 H1N1 流感病毒感染材料的实验室工作人员为高危人群。

人感染甲型 H1N1 流感常发生在冬春季节。

预防措施:

1. 尽量少到公共人群密集的场所;

2. 保证饮食以及充足睡眠、勤于锻炼、勤洗手、室内保持通风等,养成良好的个人卫生习惯。

3. 在烹饪特别是洗涤生猪肉、家禽(特别是水禽时)应特别注意。特别是有皮肤破损的情况。建议尽量减少接触机会,猪肉要用 71℃ 高温消毒后再食用;

4. 可以考虑戴口罩,降低风媒传播的可能性;

5. 做饭时可自己调配点小药膳,饮用提高免疫力的茶饮或汤剂。如:儿童需清滞养元,泡点藿香、苏叶、银花、生山楂等;成人需和中,泡点桑叶、菊花、芦根等;

6. 特别注意类似临床表现,引起重视。特别是突发高热、结膜潮红、咳嗽、流脓涕等症状。

另外，普通的抗流感疫苗对人类抵抗甲型 H1N1 流感没有明显效果，甲型 H1N1 流感的疫苗已研制出来。

天花病毒

最早有记录的天花发作是在古埃及，公元前 1156 年去世的埃及法老拉美西斯五世的木乃伊上就有被疑为是天花皮疹的迹象，最后有记录的天花感染者是 1977 年的一个医院工人。1980 年 5 月世界卫生组织宣布人类成功地消灭了天花。这样，天花成为最早被彻底消灭的人类传染病，同时，人类对天花的了解也是最少的。

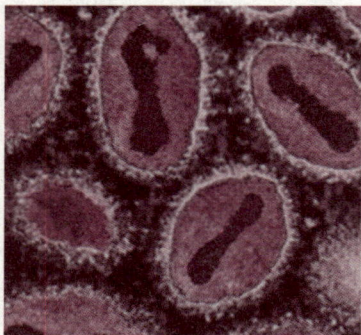

天花病毒

天花病毒有不同的品种，对人类会造成不同程度的感染。大多数的天花患者会痊愈，死亡情形常发生在发病后 1—2 周内，约有 30% 的死亡率。

采用接种的方法来预防天花由来已久。中国历史上的名医孙思邈用取自天

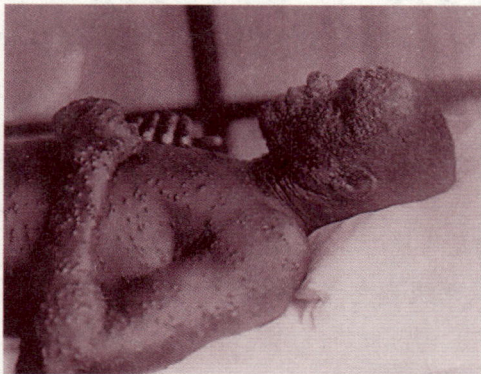

天花病人

花口疮中的脓液敷着在皮肤上来预防天花。到明代以后，人痘接种法盛行起来。1796 年，英国乡村医生爱德华·詹纳发现了一种危险性更小的接种方法。他成功地给一个 8 岁的男孩注射了牛痘。现在的天花疫苗也不是用人的天花病毒，而是用牛痘病毒做的，牛痘病毒与天花病毒的抗原绝大部分相同，而对人体不会致病。

由痘病毒引起的天花是一种严重的、传染性强、并会引起死亡的疾病。因此，天花是一种严重的生物恐怖威胁，但至今仍没有精确、快速的检测方法。研究人员报告说，一种诊断方法可用于精确地检测天花病毒。报告还显示，天花疫苗后可保护人体在接种后长达数十年的时间里免受该病毒侵扰。

知识点

天 花

　　天花是由天花病毒引起的一烈性传染病，是到目前为止，在世界范围被人类消灭的第一个传染病。据报载，美国总统布什为了预防生物武器的袭击，带头接种了天花疫苗。因为天花病毒和炭疽杆菌一样，如果被用作生物武器的话，具有十分强大的杀伤力，被称为"穷人的核弹"。在我国，几十年前就消灭了天花，现在不仅普通人对天花一无所知，许多医生也是仅闻其名，不见其身。

　　天花是感染痘病毒引起的，无药可治，患者在痊愈后脸上会留有麻子，"天花"由此得名。天花病毒外观呈砖形，约200微米×300微米，抵抗力较强，能对抗干燥和低温，在痂皮、尘土和被服上，可生存数月至一年半之久。天花病毒有高度传染性，没有患过天花或没有接种过天花疫苗的人，不分男女老幼包括新生儿在内，均能感染天花。

延伸阅读

猴 痘

　　猴豆病毒与天花、牛痘病毒等同属正痘病毒家族。灵长目动物、兔子和鼠等据认为容易感染猴痘病毒。此前，猴痘病毒传染给人的病例主要出现在中非和西非的一些热带雨林地区，猴痘病毒会引起与天花病相似的病症，如发热、头疼、淋巴结肿大、咳嗽和全身极度疼痛红疹等。但猴痘病毒的传染性和致病力要比天花病毒弱。根据世界卫生组织的统计，人患猴痘的死亡率约在 1% ~ 10% 之间。而天花的死亡率约为 30%。

　　猴痘没有天花那么容易传播，或造成大面积传染。但它可以通过直接接触患者或被感染的动物，或通过患者体液传染。目前专家认为，猴天花是不可治的，因为这种病毒从未在世界上出现过。所以，应对猴天花采取最有效的措施是隔离所有病人和感染动物，以防止疫情扩散。同时，在出现猴天花地区的人群中普遍接种天花疫苗用来预防猴痘。

狂犬病毒

　　狂犬病是由狂犬病毒引起的人畜共患的传染病。早在 1884 年病毒发现之前，法国科学家巴斯德就发明了狂犬疫苗。

　　狂犬病毒属于弹状病毒科弹状病毒属，是引起狂犬病的病原体。外形呈弹状，核衣壳呈螺旋对称，表面具有包膜，内含有单链 RNA。病毒颗粒外有囊膜，内有核蛋白壳。囊膜的最外层有由糖蛋白构成的许多纤突，排列比较整齐，此突起具有抗原性，能刺激机体产生中和抗体。病毒含有 5 种主要蛋白（L、N、G、M1 和 M2）和 2 种微小蛋白。L 蛋白呈现转录作用；N 蛋白是组成病毒粒子的主要核蛋白，是诱导狂犬病细胞免疫的主要成分，常用于狂犬病病毒的诊断、分类和流行病学研究；G 蛋白是构成病毒表面纤突的糖蛋白，具有凝集红细胞的特性，是狂犬病病毒与细胞受体结合的结构，在狂犬病病毒致病与免疫中起着关键作用；M1 蛋白为特异性抗原，并与 M2 构成细胞表面抗原。

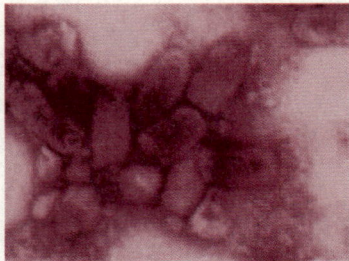

狂犬病毒

　　狂犬病毒具有两种主要抗原：一种是病毒外膜上的糖蛋白抗原，能与乙酰胆碱受体结合使病毒具有神经毒性，并使体内产生中和抗体及血凝抑制抗体，中和抗体具有保护作用；另一种为内层的核蛋白抗原，可使体内产生补体结合抗体和沉淀素，无保护作用。

由于狂犬病毒产生的危害较为严重，因此应当做好防范工作。对犬、猫等宠物应严加管理，定期进行疫苗注射；人被狂犬咬伤，应立即清洗伤口，可用20％肥皂水、去垢剂、含胺化合物或清水充分洗涤，清

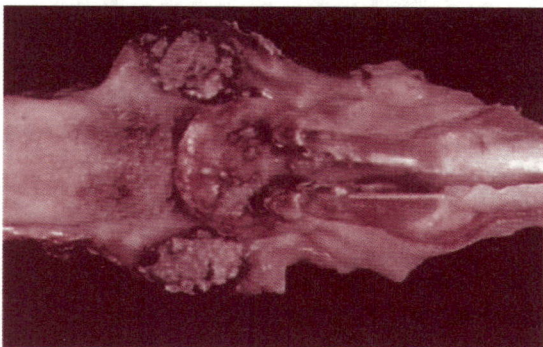
狂犬病症状图谱

洗后，尽快注射狂犬病毒免疫血清。另外，现在已经有科学家在研究一些神经毒素可以用来治疗由狂犬病毒等寄生在人体神经系统的病毒引起的疾病。

知识点

狂犬病

狂犬病又名恐水症，是由狂犬病毒所致的自然疫源性人畜共患的急性传染病。流行性广，病死率极高，几乎为100％。对人类的生命健康造成严重威胁。狂犬病通常由病兽以咬伤的方式传给人体而受到感染。临床表现为特有的恐水、恐声、怕风、恐惧不安、咽肌痉挛、进行性瘫痪等。

延伸阅读

狂犬病的危害与预防治疗

野生动物有可能长期隐匿该病毒，因此该病在全世界的野生动物中广泛流行，狐、獾、狼、猛、蝙蝠和其他野生食肉兽，则是自然界中传播本病的储毒

宿主和自然疫原；在人口较为稠密的城镇，本病则主要来源于带毒的犬、猫，它们成为人和家畜发生狂犬病的主要传染来源。

由于狂犬病毒产生的危害较为严重，因此应当做好防范工作。对犬、猫等宠物应严加管理，定期进行疫苗注射；人被狂犬咬伤，应立即清洗伤口，可用20%肥皂水、去垢剂、含胺化合物或清水充分洗涤。清洗后，尽快注射狂犬病毒免疫血清。另外，现在已经有科学家在研究一些神经毒素可以用来治疗由狂犬病毒等寄生在人体神经系统的病毒引起的疾病。

鉴于本病尚缺乏有效的治疗手段，故应加强预防措施以控制疾病的蔓延。预防接种对防止发病有肯定价值，严格执行犬的管理，可使发病率明显降低。

麻疹病毒

麻疹病毒属于副黏病毒科麻疹病毒属的麻疹病原病毒。质粒具被膜，为球状，直径 120~250 纳米，能凝集猴红细胞。思德斯和皮布尔斯于 1954 年采自麻疹病人的材料进行人的肾脏细胞培养，从而成功地分离到病毒。乙醚易使病毒钝化。用人细胞、猴肾等作为第一代培养的细胞，然后再进一步增殖，并可在鸡胚的羊膜和绒毛尿囊膜上进行减毒增殖。核衣壳形成于感染细胞的细胞质内，形成后移向细胞表面，然后再以出芽方式成长，感染力很强。病毒存在于患者的痰、鼻、咽腔分泌物中，以飞沫传染，引起上呼吸道的卡他症状和结膜炎，并于口颊黏膜上产生特有的白斑（Koplik 斑），并于皮肤上出现红色斑丘疹。在病理学上随着巨细胞和核内、质内包涵体的出现，特异性病变扩展到全身淋巴组织和黏膜上。最近还怀疑它是亚急性硬化全脑炎（SSPE）的病原，该病是在儿童期感染麻疹病毒后到青春期才发作，表现为中枢神经系统疾

麻疹病毒

病，在脑组织中用电镜可查到麻疹病毒。有人认为这些病毒可能是麻疹病毒的缺陷病毒。

麻疹病毒呈球状，内核为单链RNA，螺旋对称，有包膜，其上含血凝素。麻疹是小儿常见的传染病，传染性强，发病率高，并易与支气管性肺炎或脑膜炎并发，患并发症者病死率高。如果没有并发症，就会逐渐康复。麻症病毒只有一种血清型，世界各地分离的麻疹病毒的抗原性均相同，患过麻疹病毒的抗原性均相同，患过麻疹的人，恢复后一般有终身的免疫力。

麻疹患者

在人工培养的条件下，麻疹病毒的致病性可发生变异，如将病毒在鸡胚上培养传代多次后，就会减弱对人的致病性，但仍保持免疫性。目前应用的麻疹疫苗就是通过组织培养所获得的减毒毒株制备的。预防麻疹感染的措施是接种疫苗。随着疫苗接种的推广，麻疹的发病率已明显下降，病死率也大幅度下降。

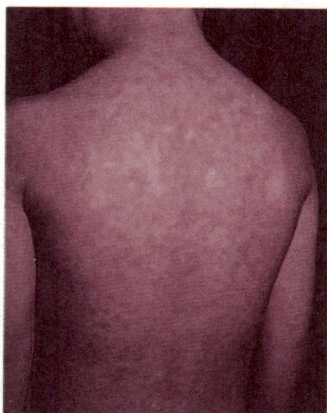

知识点

乙 醚

无色透明液体。有特殊刺激气味。带甜味。极易挥发。其蒸气重于空气。在空气的作用下能氧化成过氧化物、醛和乙酸，暴露于光线下能促进其氧化。当乙醚中含有过氧化物时，在蒸发后所分离残留的过氧化物加热到100℃以上时能引起强烈爆炸；这些过氧化物可加5%硫酸亚铁水溶液振摇除去。与无水硝酸、浓硫酸和浓硝酸的混合物反应也会发生猛烈爆炸。溶于低碳醇、苯、氯仿、石油醚和油类，微溶于水。相对密度0.7134。熔点 -116.3℃。沸点34.6℃。折光率1.355 55。闪点（闭杯）-45℃。易燃、低毒。

⋯⋯➤ 延伸阅读

麻疹病人的护理

隔离观察。应密切观察：①体温、脉搏、呼吸及神志状态；②皮疹的变化，入出疹过程不顺利，提示有可能发生并发症，需报告医师及时处理；③观察有无脱水；④并发症表现：如出现体温过高或下降后又升高、呼吸困难、咳嗽、发绀、躁动不安等，均提示可能发生并发症。

休息。绝对卧床休息，病室内应保持空气新鲜、通风，室温不可过高，以18℃～20℃为宜，相对湿度50%～60%。室内光线不宜强，可遮以有色窗帘，以防强光对病人眼睛的刺激。

饮食。应给以营养丰富、高维生素、易消化的流食、半流食，并注意补充水分，可给予果汁、鲜芦根水等，少量、多次喂食，摄入过少者给予静脉输液，注意水电解质平衡。恢复期应逐渐增加食量。

发热的护理。应注意麻疹的特点，在前驱期尤其是初疹期，如体温不超过39℃可不予处理，因体温太低影响发疹。如体温过高，可用微温湿毛巾敷于前额或用温水擦浴（忌用酒精擦浴），或可服用小剂量退热剂，使体温略降为宜。

腮腺炎病毒

流行性腮腺炎是由腮腺炎病毒引起的急性、全身性感染，多见于儿童及青少年。以腮腺肿大、疼痛为主要临床特征，有时其他唾液腺亦可被累及。脑膜脑炎、睾丸炎为常见并发症，偶也可无腮腺肿大。

腮腺炎病毒属副黏病毒科。病毒呈球形，直径为100～200纳米。包膜上有神经氨酸酶、血凝素及具有细胞融合作用的F蛋白。该病毒仅有一个血清型，因与副流感病毒有共同抗原，故有轻度交叉反应。从患儿唾液、脑脊液、血、尿、脑和其组织中均可分离出病毒，在猴肾、人羊膜和 Hela 细胞中均可增殖。

腮腺炎病毒通过直接接触、飞沫、唾液污染食具和玩具等途径传播；四季都可流行，以晚冬、早春多见。目前国内尚未开展预防接种，所以每年的发病率很高，以幼儿和青少年发病者为多，两岁以内婴幼

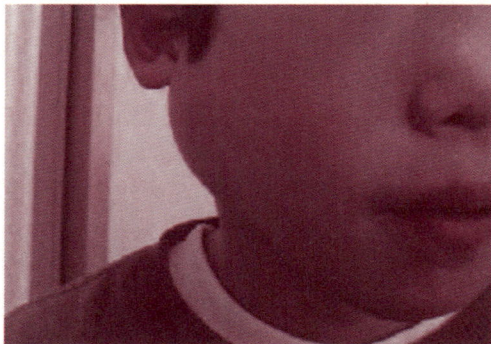

腮腺炎

儿少见。通常潜伏期为 12—22 天。在腮腺肿大前 6 天至肿后 9 天从唾液腺中可分离出病毒，其传染期则约自腮腺肿大前 24 小时至消肿后 3 天。20% ~ 40% 腮腺炎患者无腮腺肿大，这种亚临床型的存在，造成诊断、预防和隔离方面的困难。

腮腺炎病毒经口、鼻侵入机体后，在上呼吸道上皮细胞内繁殖，引起局部炎症和免疫反应，如淋巴细胞浸润、血管通透性增加及免疫球蛋白的分泌等。然后，增殖后的病毒进入血循环，发生病毒血症，播散入不同器官，如腮腺、中枢神经系统等。在这些器官中病毒再度繁殖并再次侵入血循环，散布至第一次未曾侵入的其他器官，引起炎症，临床呈现不同器官相继出现病变的症状。

知识点

腮 腺

人的唾液腺有三对，腮腺、舌下腺和颌下腺，其中最大的一对是腮腺。小儿得了腮腺炎后，面部就像打肿脸的胖子。因为腮腺位于两侧面颊近耳垂处，腮腺炎时肿大的腮腺是以耳垂为中心，向周围蔓延，故腮腺炎在民间称为"大嘴巴"。

延伸阅读

腮腺炎的中医治疗

中医开一些清热解毒、散结清肿的中药，如用板蓝根、夏枯草、蒲公英等煎水服用。选鲜而多汁的仙人掌一块，剥掉外皮和小刺，捣烂如泥，外敷患处，每天换敷 1 次，一般 2—3 天就可以治愈。仙人掌味淡性寒，可以起到清热解毒、消肿止痛的作用。也可将适量马齿苋洗净，沥干水分，捣烂，敷于患处。每日换 1 次。

另外一方：豆腐 30 克，绿豆 6 克，冰糖 50 克，加水煎服，每日 1 剂，连服 3 天。如果孩子高热、头痛剧烈，应警惕脑膜炎，及时到医院检查治疗，以免延误病情。一旦发现孩子患了流行性腮腺炎，首先要立即与健康人分开居住，居室要定时通风换气，保持空气流通。病发期间至腮腺消肿之前不得去幼儿园或是学校，以免传染给其他儿童。病儿要卧床休息，不可过于劳累。注意不要给孩子吃有刺激性的食物，要给病儿吃易咀嚼和易消化的流质和半流质，以减轻孩子吞咽的困难。要多喝开水，以利于身体内毒素的排出；小儿患腮腺炎后，其所用饮食用具要与其他人分开，并进行定时煮沸消毒。病儿的衣服、被褥等物品，在生病期间可拿到室外曝晒，脸盆、毛巾、手绢等物，每天需用开水烫 1～2 次。定时给孩子测量体温，必要时，可以采取降温措施。如果男孩的睾丸疼痛，可以用绷带把阴囊托起，以减轻疼痛。保持孩子口腔卫生：要孩子经常用温盐水漱口。局部热敷：用包了毛巾的热水袋给孩子在患处热敷，可以减轻孩子患处的疼痛。腮腺炎得过一次，人就会产生永久性的抗体，不可能再得二次或几次以上。

风疹病毒

风疹是一种由风疹病毒引起的通过空气传播的急性传染病，以春季发病为主。1940年澳大利亚风疹流行，次年出生的新生儿发生白内障者明显增加。1964年美国发生一次风疹大流行，致使此后的2年中出生了3万多名畸形儿，历史的教训是惨重的。

风疹病毒属节肢介体病毒中的披盖病毒群，为风疹的病原病毒。病毒粒子具多形性，50~85纳米，有包被。粒子中含有分子量为 $(2.6~4) \times 10^6$ 的RNA（感染性核酸）。乙醚和0.1%的脱氧胆酸盐可使其钝化，在热中亦弱化。在兔或猪等动物的肾细胞中，或BSC-1、RK-13、BHK-21等细胞株中可增殖。由于这些细胞中一般不出现细胞变性（RK-13和BHK-21可以看到细胞变性），是否能够增殖，主要利用它干扰肠变胞病毒等的增殖的性质来判断。通过患者鼻咽分泌物的飞沫直接传染，经14—21天潜伏期后，后头部、耳后部、颈部等处的淋巴结肿大，发热，并且1—2日后，颜面和头部即可出现风疹，并顺次扩大到颈部、躯干部和四肢，约

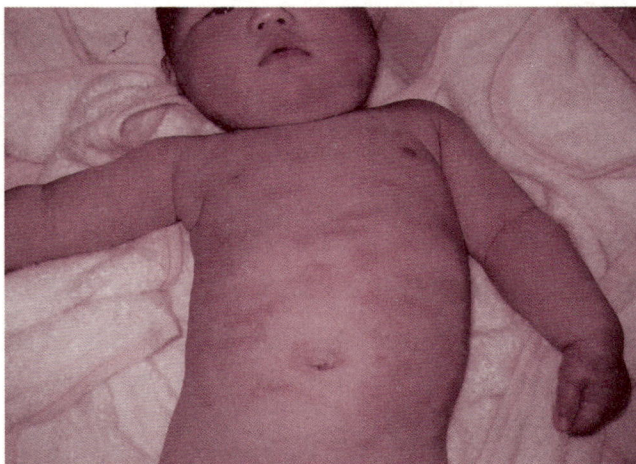

风疹患儿

经3日消退。如妊娠初期罹患风疹，胎儿常发生白内障、小眼球症、重听、心脏病和小头症等先天性异常，人是病毒唯一自然宿主。

预防风疹病毒的关键是减少与风疹病人的接触，不要与风疹病人面对面地谈话。孕妇应尽量避免去公共场所，如果孕妇接触了风疹患者，5天内应注射大剂量的胎盘球蛋白，进行被动免疫。如果孕妇在妊娠头3个月内确诊患了风疹，则需要考虑进行人工流产。风疹初愈的育龄妇女6个月内最好不要怀孕。

知识点

干扰素

　　干扰素，是一种广谱抗病毒剂，并不直接杀伤或抑制病毒，而主要是通过细胞表面受体作用使细胞产生抗病毒蛋白，从而抑制乙肝病毒的复制；同时还可增强自然杀伤细胞（NK细胞）、巨噬细胞和T淋巴细胞的活力，从而起到免疫调节作用，并增强抗病毒能力干扰素是一组具有多种功能的活性蛋白质（主要是糖蛋白），是一种由单核细胞和淋巴细胞产生的细胞因子。它们在同种细胞上具有广谱的抗病毒、影响细胞生长，以及分化、调节免疫功能等多种生物活性。

▶ 延伸阅读

风疹传播

　　风疹是一种由风疹病毒引起的通过空气传播的急性传染病，以春季发病为主。

　　病毒存在于出疹前5—7天病儿唾液及血液中，但出疹2天后就不易找到。风疹病毒在体外生活力很弱，但传染性与麻疹一样强。好发于5岁以下的婴幼儿，6个月以内婴儿因有来自母体的抗体获得抵抗力，很少发病。一次得病，可终身免疫，很少再次患病。春夏之交，风疹病毒也在蠢蠢欲动，它会伴随人的咳嗽和喷嚏而飘浮在空气中。抵抗力较弱的人吸入风疹病毒后，经过2—3周的潜伏期，便开始出现症状。先是全身不适，继而出现发热、耳后及枕部淋巴结肿大，并有淡红色细点状丘疹，短期内扩展到全身，奇痒难耐或微痒，多在2—3天内消退，不留痕迹。由于风疹的症状和体征与感冒及荨麻疹相似，因而不太引起人们的重视。

甲型肝炎病毒

甲型肝炎病毒呈球形，直径约为 27 纳米，无囊膜。衣壳由 60 个壳微粒组成，呈 20 面体立体对称，有 HAV 的特异性抗原，每一壳微粒由 4 种不同的多肽即 VP1、VP2、VP3 和 VP4 所组成。

在病毒的核心部位，为单股正链 RNA。除决定病毒的遗传特性外，兼具信使 RNA 的功能，并有传染性。甲型肝炎病毒主要通过粪—口途径传播，传染源多为病人。甲型肝炎的潜伏期为 15—45 天，病毒常在患者转氨酸升高前的 5—6 天就存在于患者的血液和粪便中。发病 2—3 周后，随着血清中特异性抗体的产生，血液和粪便的传染性也逐渐消失，长期携带病毒者极罕见。

在甲型肝炎的显性感染或隐性感染过程中，机体都可产生抗 HAV 的 IGM 和 IGG 抗体。前者在急性期和恢复期出现，后者在恢复后期出现，并可维持多年，对同型病毒的再感染有免疫力。另外有活力的 NK 细胞，特异性细胞毒 T 细胞（CD8 + ）在消灭病毒、控制 HAV 感染中亦很重要。

目前对甲型肝炎的微生物学检查，以 HAV 的抗原和抗体为主。应用的方法包括免疫电镜、补体结合试验、免疫黏附血凝试验、固相放射免疫和酶联免疫吸附试验、聚合酶链反应、CDNA ~ RNA 分子杂交技术等。抗 HAVIGM 具有出现早、短期达高峰与消失快的特点，故它测得是甲型肝炎新近感染的标志。抗 HAVIGG 的检测有助于流行病学检查。

HAV 的预防应搞好饮食卫生，保护水源，加强粪便管理，并做好卫生宣教工作。注射丙种球蛋白及胎盘球蛋白，应急预防甲型肝炎有一定效果。我国生产的甲肝活疫苗只注射一次即可获得持久免疫力。基因工程疫苗研制亦已成功。

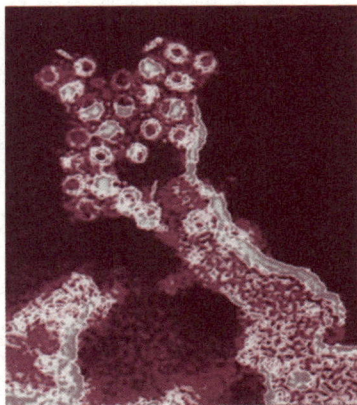

甲型肝炎病毒

知识点

肝 炎

肝炎，通常是指由多种致病因素——如病毒、细菌、寄生虫、化学毒物、药物和毒物、酒精等，侵害肝脏，使得肝脏的细胞受到破坏，肝脏的功能受到损害，它可以引起身体出现一系列不适症状，以及肝功能指标的异常。

需要注意的是，通常我们生活中所说的肝炎，多数指的是由甲型、乙型、丙型、丁型、戊型等肝炎病毒引起的病毒性肝炎，这只是"肝炎"家庭中一个最重要的分支，而文中所说的肝炎则是指广义上的肝炎，并不仅仅限于病毒性肝炎。有时人体营养不良、劳累，甚至一个小小的感冒发热，都有可能造成肝功能的损伤。

肝炎通常可以分为多种不同的类型：根据病因来分，可以分为病毒性肝炎、药物性肝炎、酒精性肝炎、中毒性肝炎等；根据病程长短来分，可以分为急性肝炎、慢性肝炎等；根据病情轻重程度，慢性肝炎又可以分为轻度、中度、重度等。临床上对肝炎的诊断，通常是结合了上述多种方法分类的。

各型肝炎的病变主要是在肝脏，都有一些类似的临床表现，可是在病原学、血清学、损伤机制、临床经过及预后、肝外损害等方面往往有明显的不同。

·▶··· 延伸阅读

儿童患甲肝症状及治疗

甲型肝炎是病毒性肝炎的一种，它是由甲型肝炎病毒感染，通过病人粪便或被污染的食物和水等传播的一种消化道传染病。甲肝是小儿常见的一种急性传染病，多发于春、秋季。这种病临床上可分为潜伏期、前驱症状期、黄疸期、恢复期。潜伏期平均为 30 天，在潜伏后期大量排毒，而此时病人几乎没有什么症状，因此不能及时发现和隔离，往往会造成甲型肝炎的大面积传播。此期结束的标志是患者尿液突然变为深色及表现出生化指标的异常。

前驱症状期有发热呕吐和乏力等症状。此时很容易被归结于其他病因。

黄疸期往往持续数天至数周，伴随厌食、低热。此期血清胆红素水平升高，血清中可检出 HAV～IGM 抗体。

恢复期持续 6—12 个月。肝组织结构会在 3 个月恢复正常，但体力的全面恢复要半年至一年。

目前发现甲型肝炎有许多并发症。暴发性甲型肝炎是最严重的一种，死亡率为 50%。多发于本身为慢性肝病患者。

儿童由于自身免疫力差，易患甲型肝炎。这给家长和儿童本身带来精神、身体和经济上的损失。对甲型肝炎重在预防，注射疫苗就是预防甲肝的一种有效手段。

乙型肝炎病毒

乙型肝炎病毒引起人类急、慢性肝炎的 DNA 病毒，也称丹氏颗粒，简称 HBV。乙型肝炎病毒（HBV）属嗜肝 DNA 病毒科，基因组长约 32kb，为部分双链环状 DNA。HBV 的抵抗力较强，但 65℃加热 10 小时、煮沸 10 分钟或高压蒸气均可灭活 HBV，含氯制剂、环氧乙烷、戊二醛、过氧乙酸和碘伏等也有较好的灭活效果。

HBV 是一个相当小的病毒。其基因组共有 4 个 ORF，编码蛋白：Core 蛋白 Pre～core 蛋白、Pol 蛋白、X 蛋白，以及 S 蛋白（L，M，S）。Core 是核衣壳蛋白；Pre～core 现在不知道有何功能，它对病毒的复制不是必要的，但是可能与抑制宿主的免疫反应有关；X 蛋白对病毒复制是重要的，还与引起肝癌的发生有关；S 蛋白是病毒的包膜蛋白，与病毒进入细胞有关。

乙肝病毒的活动受到机体免疫系统的控制，因此总是此消彼长的过程，但是病毒的变异过程是非常复杂的。总的来说，免疫系统漠视病毒的存在，保持免疫耐受状态时是一个免疫平衡；免疫系统强大到控制病毒又是另一个平衡；而双方反复搏斗的过程就会造成肝脏损伤。

乙型肝炎病毒的消毒处理对控制乙型肝炎的传播具有十分重要的意义。20世纪90年代末研究发现，乙型肝炎病毒对多种常用的消毒方法均很敏感，如热力消毒，98℃的水经过2分钟即可使乙型肝炎病毒死亡而失去感染性；常用的含氯制剂如0.5%的次氯酸钠，1分钟即使乙型肝炎病毒脱氧核糖核聚合酶灭活；而过氧乙酸、环氯乙烷、碘制剂及戊二醛等，对乙型肝炎病毒的灭活作用既肯定又确切，都极大地充实了乙型肝炎病毒的消毒方法。

知识点

乙型病毒性肝炎

乙型病毒性肝炎，简称乙肝，是一种由乙型肝炎病毒引起的疾病。乙型肝炎病毒会引起肝脏病变。乙肝主要在中国及其他一些亚洲国家中流行。目前中国人口中约有十分之一是乙肝病毒携带者，多数无症状，其中三分之一出现肝损害的临床表现。乙肝的特点为起病较缓，以亚临床型及慢性型较常见。无黄疸型 HBsAg 持续阳性者易慢性化。乙肝主要通过血液、母婴和性接触进行传播。乙肝疫苗的应用是预防和控制乙型肝炎的根本措施。

延伸阅读

变异性与不可杀性

乙肝病毒是一种易于变异的病毒，为了逃避机体对其消除和杀伤而发生的变异，可在乙肝病毒结构不同部位发生，变异可自发或在药物治疗后发生。变异的乙肝病毒不仅对人体致病性发生改变，还将影响对乙型肝炎的诊断、治疗和预防。发生变异的乙肝病毒对首次有效的药产生抵抗力，从而降低疗效或产生耐药现象。

乙肝病毒进入人体的肝细胞内，在细胞酶的作用下，最后形成共价闭合环状基因（CCCDNA），它是形成乙肝病毒的原始模板，稳定地生存于细胞核内，不断地复制乙肝病毒。当今尚未研究出一种杀灭这种模板的药物。目前使用的药物主要是抑制模板的复制，一旦停药解除抑制作用，这种模板又会重新复制乙肝病毒。

丙型肝炎病毒

1974 年 Golafield 首先报告输血后非甲非乙型肝炎。1989 年 Choc 等应用分子克隆技术获得本病毒基因克隆，并命名本病及其病毒为丙型肝炎（Hepatitis C）和丙型肝炎病毒（HCV）。由于 HCV 基因组在结构和表型特征上与人黄病毒和瘟病毒相类似，将其归为黄病毒科 HCV。

HCV 病毒体呈球形，直径小于 80 纳米（在肝细胞中为 36 ~ 40 纳米，在血液中为 36 ~ 62 纳米），为单股正链 RNA 病毒，在核衣壳外包绕含脂质的囊膜，囊膜上有刺突。HCV 体外培养尚未找到敏感有效的细胞培养系统，但黑猩猩对 HCV 很敏感。

HCV 具有显著异源性和高度可变性，对已知全部基因组序列的 HCV 株进行分析比较其核苷酸和氨基酸序列存在较大差异。并表现 HCV 基因组各部位的变异程度不相一致，如 5′-CR 最保守，同源性在 92% ~ 100%，而 3′NCR 区变异程度较高，在 HCV 的

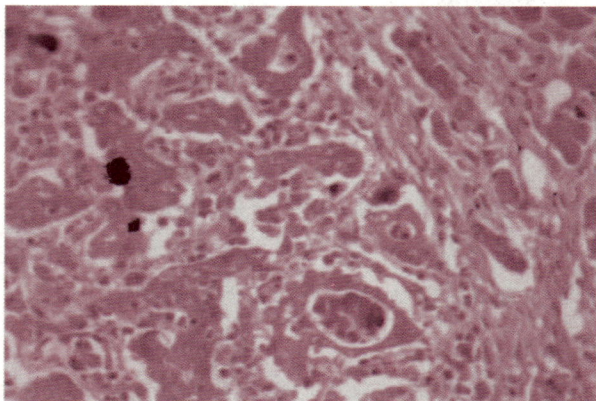

丙型肝炎病毒

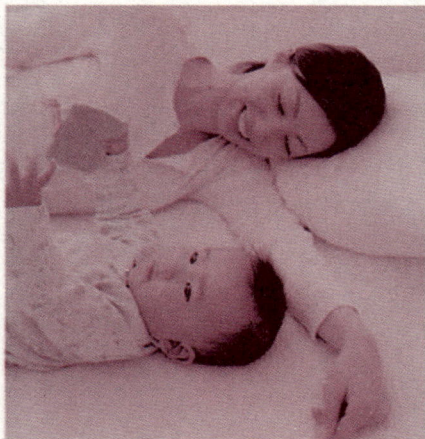

母婴传播

编码基因中，C 区最保守、非结构（NS）区次之，编码囊膜蛋白 E2/NS1 可变性最高称为高可变区。

丙型肝炎的传染源主要为急性临床型和无症状的亚临床病人，慢性病人和病毒携带者。一般病人发病前 12 天，其血液即有感染性，并可带毒 12 年以上。HCV 主要血源传播，国外 30% ～90% 输血后肝炎为丙型肝炎，我国输血后肝炎中丙型肝炎占三分之一。此外还可通过其他方式如母婴垂直传播、家庭日常接触和性传播等。

丙型肝炎发病机制仍未十分清楚，当 HCV 在肝细胞内复制引起肝细胞结构和功能改变或干扰肝细胞蛋白合成，可造成肝细胞变性坏死，表明 HCV 直接损害肝脏，导致发病起一定作用。但多数学者认为细胞免疫病理反应可能起重要作用，发现丙型肝炎与乙型肝炎一样，其组织浸润细胞以 CD3 + 为主，细胞毒 T 细胞（TC）特异攻击 HCV 感染的靶细胞，可引起肝细胞损伤。

知识点

衣 壳

衣壳，是包围在病毒核酸外的一层蛋白质，是由一定数量的壳粒组成。壳粒是衣壳的形态学亚单位。由于病毒核酸的螺旋构形不同，衣壳的壳粒数量及排列方式也不同。病毒衣壳呈现 3 种对称型，可作为病毒鉴定和分类的依据。

（1）螺旋对称型：病毒核酸呈盘旋状，壳粒沿核酸链走向排列成螺旋对称型，见于流感病毒等。

（2）20面体立体对称型：病毒核酸浓集在一起形成球形或近似球形，其衣壳的颗粒呈20面体对称排列，如脊髓灰质炎病毒、流行性乙型脑炎病毒等。

（3）复合对称型：是既有螺旋对称又有立体对称的病毒，如痘类病毒和噬菌体等。

病毒衣壳的功能：①保护病毒核酸，使之免遭环境中的核酸酶和其他理化因素破坏。②参与病毒的感染过程。因病毒引起感染首先需要特异地吸附于易感细胞表面，而无包膜病毒是依靠衣壳吸附于细胞表面的。③具有良好的抗原性，诱发机体的体液免疫与细胞免疫，这些免疫应答不仅有免疫防御作用，而且可引起免疫病理损害，与病毒的致病有关。

延伸阅读

丙肝疫苗

丙肝跟乙肝一样都属于是传染性肝炎，主要通过血液、性生活、母婴垂直传播。但是非常遗憾的是医学界目前尚未研制出有效预防丙肝的疫苗。因为丙肝病毒是RNA病毒，极易变异，研制疫苗的难度很大，因为除了人和黑猩猩以外，其他动物都不会患上丙肝，因此疫苗研制难以找到动物模型，所以唯一的有效的处理方式是高危人群及早做丙肝抗体检测，及早发现疾病并积极治疗。

埃博拉病毒

埃博拉病毒通过血液和其他体液传播，这与艾滋病相似。但艾滋病患者一般尚可活上相当长的一段日子，而一旦染上埃博拉病毒，在经过病毒潜伏期后，先出现高热、头痛、呕吐等症状，然后病人在备受几天腹泻和眼睛、耳朵、鼻子出血的折磨后，痛苦地死去，前后往往不到一星期。患者死亡率高达80%。埃博拉病毒是1976年在扎伊尔埃博拉河附近一个名叫扬博科的小村庄首次发现的，并由此得名。那一年，埃博拉病在扎伊尔的 55 个村庄及其邻国苏丹、埃塞俄比亚流行，造成近千人的死亡。

埃博拉病毒是人畜共通病毒，尽管世界卫生组织煞费苦心地研究，至今没有辨认出任何有能力在暴发时存活的动物宿主，目前认为果蝠是储存宿主的可能候选。因为埃博拉病毒的致命性，加上目前尚未有任何疫苗被证实有效，埃博拉被列为生物安全第四级（Biosafety Level 4）的病毒剂，也同时被视为生物恐怖主义的工具之一。

专家们在研究中发现，埃博拉病毒有一定的耐热性，但在 60℃ 的条件下经 60 分钟将被杀死。病毒主要存在于病人的体液、血液中，因此对病人使用过的注射器、针头、各种穿刺针、插管等，均应彻底消毒，最可靠的是使用高压蒸气消毒。埃博拉病毒还可能经过空气传播。实验人员将恒河猴的头部露出笼外，让其吸入直径 1 微米左右含病毒的气雾，猴子 4—5 天后发病。每天与病猴密切接触的 6 个工作人员的血清发现该病毒抗体阳性，其中 5 人没有受过外伤，也无注射史，因此认为可通过飞沫传播。

知识点

体 液

机体含有大量的水分，这些水和溶解在水里的各种物质总称为体液，体液约占体重的 60%。体液可分为两大部分：细胞内液和细胞外液。存在于细胞内的称为细胞内液，约占体重的 40%。存在于细胞外的称为细胞外液。细胞外液又分为两类：一类是存在于组织细胞之间的组织间液（包括淋巴液和脑脊液），约占体重的 16%。另一类是血液的血浆（约占体重的 4%）。

体液具体包括唾液，精液，阴道的液体，乳汁，血液，淋巴液，脑脊液，肺腔的液体，腹膜的液体，关节液，羊水，等等。

而人的呼吸道，消化道，泪腺，尿道等由孔道直接与外界相连，储存的体液也直接和外界接触，所以这些液体一般不称为体液，而称为外界溶液。

▶ 延伸阅读

病毒的变异特性

病毒容易发生变异。除类病毒外，病毒可以说是生命体中最简单的成员。它的遗传密码或基因组主要集中在核酸链上，只要这种核酸链发生任何变化都会影响它们后代的特性表现。实际上，病毒的基因组在其增殖过程中不是一成不变的，而是时时刻刻都自动地发生突变。其中大多数突变是致死性的，只有少数能生存下来。由于病毒在一次感染中，一个病毒粒子要增殖几百万次，存在产生突变的机会。因此一种病毒从群体水平看，在遗传学上不是同源的，故病毒的"种"在严格意义上，不是分类学上的种，而应称之为准种。病毒的自然变异是非常缓慢的，但这种变异过程可通过外界强烈因素的刺激而加快变异。许多化学和物理因素均可以用来诱发突变，诸如亚硝酸、羟胺、高温等，另外，病毒变异时有时会产生抗药性。

艾滋病毒

人类免疫缺陷病毒有两种类型：人类免疫缺陷病毒1和人类免疫缺陷病毒2。除另有原因外，一般艾滋病毒都是由HIV－1引起。HIV－1和IV－2都是由同一种模式导致感染与传播，如果感染了HIV－2其免疫缺陷可能会发展得更慢。HIV－1相比于HIV－2更易感染，HIV－2在非洲地区是最常见的，美国很少发现HIV－2感染。如果从地理上来说，HIV－1可以称为是"分支"。举例来说，甲分支仅限于北美区，乙分支仅见于东南亚地区，这可能是由于生理上的差异，或抗病毒能力才会出现众多分支。

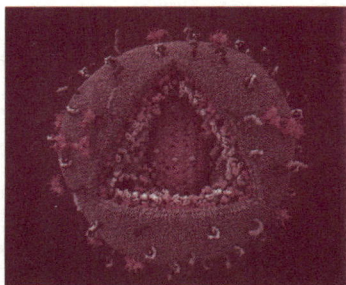

艾滋病病毒

一个人若是受到病毒感染，一般情况都是由 HIV‐1 引起的。即使双方 HIV 都呈阳性，也不可以有性行为或共用针头。如果再从另一分支感染病毒，就等于给病毒提供了一个机会，使两种病毒结合起来变异成一种新的艾滋病毒，那么感染将更加难以治疗。病毒越发展治疗就会越困难，制造一种预防艾滋病疫苗或研究出艾滋病的治疗方法是现在的首要任务。

大约有99%的艾滋病患者曾经与人有过不安全性行为或共用针头注射器等，感染后并没有使用抗逆转录病毒药物。艾滋病毒呈阳性反应，女性怀孕期也会呈阳性，因此医生在检查时一定要格外注意，以减少病毒传给婴儿的风险。

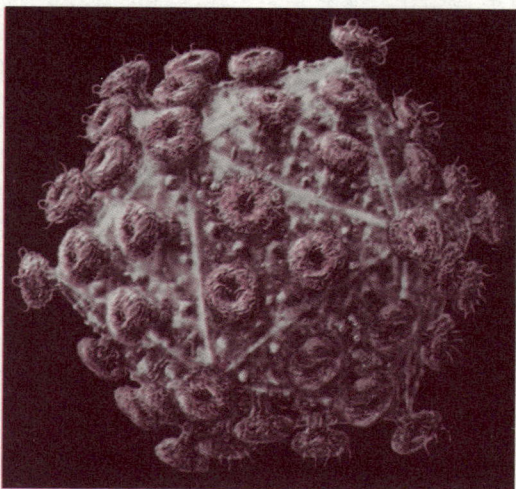

样子恐怖的艾滋病病毒

人体免疫系统会遭到人类免疫缺陷病毒（HIV）的破坏，随着时间的变化，病毒会以惊人的速度蔓延至细胞，使细胞被破坏。刚被感染时，免疫系统还会催生出新的细胞来抵抗艾滋病毒的侵害，但最终免疫系统还是跟不上病毒的发展速度，导致被艾滋病毒吞没，这时艾滋病毒会使细胞减少至200左右。

人体感染 HIV 后，通常需要经历一段很长的潜伏期后才发病，其潜伏期一般为3—5 年，有时更长至8 年或更久。HIV 在感染机体中主要以潜伏或低水平的慢性感染方式而存于体内，当 HIV 因某些因素受到刺激后，使潜伏的 HIV 被大量激活致人死亡，大多患者在1—3 年内便会死亡。

感染了艾滋病以后，根本不可能治愈，也没有疫苗。感染艾滋病后首先要做的就是要增强免疫系统，减少病毒负荷，尽可能地避免乙肝病毒感染。抗逆转录病毒疗法，是治疗艾滋病的主要疗法。应当严格按此疗法治疗，因为此疗法可以使艾滋病毒和免疫系统之间保持平衡，以防感染其他疾病。一般来说，如果病毒造成其他的感染，治疗时应优先于抗逆转录病毒疗法，特别是使用抗生素和抗逆转录病毒药物。

帮助病人保持好的生活质量也是非常重要的。这样可使病人积极治疗，并按要求服药。治疗艾滋病引起的疾病，最好的方法就是抗逆转录病毒疗法，治疗时可能包括使用抗生素消除与艾滋病有关的感染，以及对艾滋病引起的癌症作化解。

数量众多的艾滋病病毒

知识点

艾滋病

艾滋病，即获得性免疫缺陷综合征，英文名称 Acquired Iune Deficiency Syndrome，缩写为 AIDS。是人类因为感染人类免疫缺陷病毒后导致的免疫缺陷，并发一系列机会性感染及肿瘤，严重者可导致死亡的综合征。目前，艾滋病已成为严重威胁世界人民健康的公共卫生问题。1983 年，人类首次发现 HIV。目前，艾滋病已经从一种致死性疾病变为一种可控的慢性病。

延伸阅读

艾滋病的护理

艾滋病是一种慢性、进行性、致死性的传染病，需要经过专业培训的护理人员。除 HIV 外，还包括并发症的护理。除注意 HIV 的消毒隔离外，还应针对患者的并发症的不同病原，做好呼吸道、体液及接触隔离。要严格无菌操作，严格消毒隔离；接触患者的血液和体液时，应戴好手套、口罩或防护眼镜、穿好隔离衣，做好自我防护。

另外，针对艾滋病患者出现的不同临床症状，如发热、腹泻、皮肤疾病、呼吸道症状、消化道症状等进行不同护理。

心理护理：艾滋病患者不仅要面对疾病的折磨、死亡的威胁，还要承受来自社会和家庭的压力和歧视，因此常常出现情绪异常，甚至自杀倾向。这就需要加强心理护理。密切观察患者的心理变化，注意倾听患者诉说，建立良好的信任关系，帮助他们树立起对生活的信心和希望。

家庭护理：艾滋病是一种可控的慢性传染病，家属应了解关于艾滋病的传播方式、如何防治等基本信息，给患者精神上的支持，帮助他们树立生活的信心。同时注意自我防护，防止 HIV 的进一步传播。

肠道病毒 71 型

肠道病毒一般是以数字命名的，排列顺序代表着其发现的先后次序。按顺序，这种病毒被命名为肠道病毒 71 型。

肠病毒的流行与季节转换、环境变异有着极大的关联性，肠病毒只在夏季及初秋流行，每年 6—9 月为高峰期，气温过低的地区并不利于肠病毒生存。根据流行病学调查，肠病毒之传染途径主为粪—口传染，感染肠病毒的患者会经由粪便排出病毒，这些含有高浓度肠病毒的粪便会污染环境甚至地下水源，在公共卫生条件不佳的地区，极易经由污染的水源而散播该病毒。由于肠病毒除了在肠道外亦可在扁桃腺增殖，

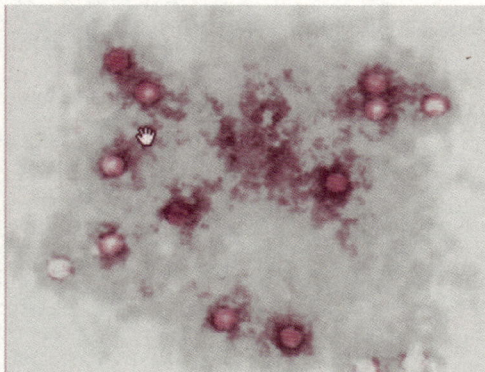
肠道病毒

因此病患的唾液或口鼻分泌物也会带有高浓度的病毒，所以不排除经由空气或接触等传染途径。因此防治肠病毒之流行除了重视个人卫生外，公共卫生及环境卫生亦不容忽视。

EV71 主要引起手足口病，还可引起无菌性脑膜炎、脑干脑炎和脊髓灰

绿　茶

质炎样的麻痹等多种神经系统疾病。手足口病和中枢神经系统感染是 EV71 感染而引起的两大常见临床症状。

病毒流行季节，除了要远离病毒外，加强自然免疫力以抵抗病毒也是必需的。这就要求我们适当增加新鲜蔬菜、水果的摄入量。同时，可以尽量选用含有某些抗病作用物质的食物，像大蒜、姜、绿茶、银耳、百合等。苹果能增加血液中白细胞的数量，猕猴桃富含维生素 C，梨、菠萝、西瓜、草莓、葡萄、香蕉等应季水果也都有益于强健我们的免疫系统。

知识点

朊病毒

朊病毒，就是蛋白质病毒，是只有蛋白质而没有核酸的病毒。1997 年诺贝尔生理学或医学奖的获得者，美国生物学家斯坦利·普鲁辛纳就是由于研究朊病毒，做出卓越贡献而获此殊荣的。朊病毒不仅与人类健康、家畜饲养关系密切，而且可为研究与痴呆有关的其他疾病提供重要信息。就生物理论而言，朊病毒的复制并非以核酸为模板，而是以蛋白质为模板，这必将对探索生命的起源与生命现象的本质产生重大的影响。

····▶ 延伸阅读

71 病毒的发现历史

早在 1957 年，新西兰曾暴发一场神秘的疫情，很多 3 岁以下的孩子先后出现了手足发红等症状，并有孩子死去。

到底是"谁"盯上了这么小的孩子，答案到了第二年才揭晓了一部分。之所以说部分揭晓，是因 1958 年只是从患儿的体内分离出了柯萨奇病毒，1959 年，这种病被命名为手足口病。

此次疫情暴发 12 年后的 1969 年，EV71 病毒在美国被分离出来，而这个发现的过程也颇为曲折。美国加利福尼亚州的医学研究人员从一些患有中枢神经系统疾病的婴儿粪便标本中分离出部分病毒毒株，在电子显微镜下，这些毒株的形态与已知的普通肠道病毒没有两样。

但是，在其后的试验中人们发现，这种新发现的毒株与之前已知的肠道病毒在生物学特性上并不完全一致。鉴于这种情况，1970 年，国际病毒命名委员会将这种病毒定为了一种新型肠道病毒。

登革病毒

登革病毒感染引起登革热。该病流行于热带、亚热带地区，特别是东南亚、西太平洋及中南美洲。我国于 1978 年在广东佛山首次发现本病，以后在海南岛及广西等地均有发现。

登革病毒属于黄病毒科，形态结构与乙脑病毒相似，但体积较小，约17～25 纳米，依抗原性不同分为 1、2、3、4 四个血清型，同一型中不同毒株也有抗原差异。其中 2 型传播最广泛，各型病毒间抗原性有交叉，与乙脑病毒和西尼罗病毒也有部分抗原相同。病毒在蚊体内以及白纹伊蚊传代细胞、猴肾、地鼠肾原代和传代细胞中能增殖，并产生明显的细胞病变。

人对登革病毒普遍易感。潜伏期约3—8天。感染病毒后，先在毛细血管内皮细胞及单核巨噬细胞系统中繁殖增生，然后经血流扩散，引起发热、头痛、乏力，肌肉、骨骼和关节痛，约半数伴有恶心、呕吐、皮疹或淋巴结肿大。部分病人可于发热2—4天后

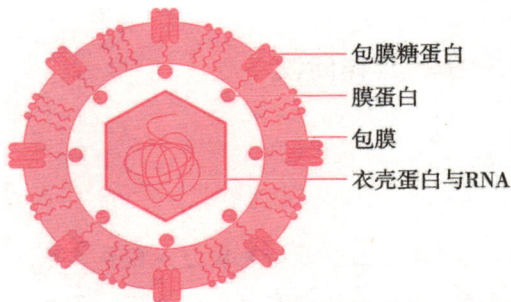

包膜糖蛋白
膜蛋白
包膜
衣壳蛋白与RNA

登革病毒结构

症状突然加重，发生出血和休克。临床上根据上述症状可将登革热分为普通型和登革出血热、登革休克综合征两个类型。后者多发生于再次感染异型登革病毒后，其基本病理过程是异常的免疫反应，它涉及病毒抗原 – 抗体复合物、白细胞和补体系统，病情较重，病死率高。

病人感染7天后血清中出现血凝抑制抗体，稍后出现补体结合抗体。在实验诊断中，利用C6/36细胞分离病毒是最敏感的方法，用收获液作抗原，进行血凝抑制试验可迅速作出鉴定。取病人血清做中和、血凝抑制和补体结合试验，可提供诊断的依据。近年，有用ELISA捕捉法检测IGM抗体早期诊断。目前本病尚无特异防治办法。

知识点

休 克

休克一词由英文Shock音译而来，是各种强烈致病因素作用于机体，使循环功能急剧减退，组织器官微循环灌流严重不足，以致重要生命器官功能、代谢严重障碍的全身危重病理过程。休克是一种急性的综合征。在这种状态下，全身有效血流量减少，微循环出现障碍，导致重要的生命器官出现缺血缺氧的现象。即是身体器官需氧量与得氧量失调。休克不但在战场上，同时也是内外妇儿科常见的急性危重病症。

延伸阅读

登革出血热

登革出血热开始表现为典型登革热，发热、肌痛、腰痛，但骨、关节痛不显著，而出血倾向严重，如鼻衄、呕血、咯血、尿血、便血等。在热退前后的1—2日突然病情加重，出现：

1. 休克。在病程2—5日，或退热后，病情突然加重，有明显出血倾向伴周围循环衰竭。表现皮肤湿冷，脉快而弱，脉压差进行性缩小，血压下降甚至测不到，烦躁不安、昏睡、昏迷等。病情凶险，如不及时抢险，可于4—10小时内死亡。

2. 出血。出血倾向严重，有皮肤大片淤斑、鼻出血、呕血、便血、咯血、血尿，甚至颅内出血。常有两个以上器官出血，出血量大于100毫升。有的病例出血量虽小，但出血部位位于脑、心脏、肾上腺等重要脏器而危及生命。

森林脑炎病毒

森林脑炎病毒（简称森脑病毒）由是蜱传播的，在春夏季节流行于俄罗斯及我国东北地区的森林地带。本病主要侵犯中枢神经系统，临床上以发热、神经症状为特征，有时出现瘫痪后遗症。

森林脑炎病毒呈球形，直径为30～40纳米，衣壳20面体对称外有包膜，含血凝素糖蛋白，核酸为单正链RNA，抗原结构与中欧蜱传脑炎病毒相似，可能为同一病毒的两个亚型。森脑病毒形态结构、培养特性及抵抗力似乙脑病毒，但嗜神经性较强，接种成年小白鼠腹腔、地鼠或豚鼠脑内，易发生脑炎致死。接种猴脑内，可致四肢麻痹，也能凝集鹅和雏鸡的红细胞。

森林脑炎病毒储存宿主蝙蝠，及哺乳动物（刺猬、松鼠、野兔等），这些野生动物受染后为轻症感染或隐性感染，但病毒血症期限有长有短，如刺猬约

蝙蝠

23 天。蜱是森脑病毒传播媒介，又是长期宿主，其中森林硬蜱的带病毒率最高，成为主要的媒介。当蜱叮咬感染的野生动物，吸血后病毒侵入蜱体内增殖，在其生活周期的各阶段，包括幼虫、稚虫、成虫及卵都能携带本病毒，并可经卵传代。牛、马、狗、羊等家畜在自然疫源地受蜱叮咬而传染，并可把蜱带到居民点，成为人的传染源。

森林脑炎病毒的致病性与乙脑病毒相同，非疫区易感人被带有病毒的蜱叮咬后，易感染发病，另外因喝生羊奶（羊感染时奶中有病毒或被蜱类污染）而被传染，约经 8—14 天潜伏期后发生脑炎，出现肌肉麻痹、萎缩、昏迷致死，少数痊愈者也常遗留肌肉麻痹。居住在森林疫区的发生脑炎，出现肌肉麻痹、萎缩、昏迷致死，少数痊愈者也常遗留肌肉麻痹。居住在森林疫区的人，因受少量病毒的隐性感染，血中有中和抗体，对病毒有免疫力，病愈后皆产生持久的牢固免疫力。

在疫区内调查森脑病毒时，可将小白鼠、小鸡、地鼠或猴关在笼内，置于森林中地上，引诱蜱来叮咬而传染，动物感染后虽可能不发病，但可根据测定血中有无产生特异性抗体而加以验证。

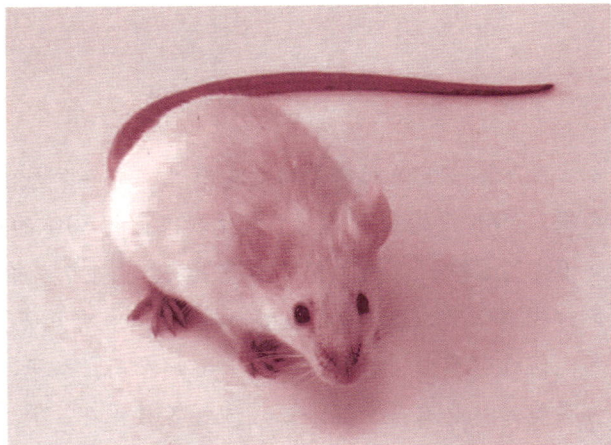

小白鼠

111

　　预防此病，可给去森林疫区的人接种灭活疫苗，效果良好。在感染早期注射大量丙种球蛋白或免疫血清可能防止发病或减轻症状。此外，应穿着防护衣袜，皮肤涂擦邻苯二甲酸酯，以防被蜱叮咬。

知识点

脑　炎

　　脑炎（森林脑炎），森林脑炎又称俄罗斯春夏脑炎或称远东脑炎，是由森林脑炎病毒经硬蜱媒介所致自然疫源性急性中枢神经系统传染病。临床特征是突然高热、意识障碍，头痛、颈强、上肢与颈部及肩胛肌瘫痪，后遗症多见。森林脑炎病毒属于虫媒病毒乙群，为 RNA 病毒，可在多种细胞中增殖，耐低温，而对高温及消毒剂敏感，野生啮齿动物及鸟类是主要传染源，林区的幼畜及幼兽也可成为传染源，传播途径主要由于硬蜱叮咬。人群普遍易感，但多数为隐性感染，仅约1%出现症状，病后免疫力持久。

延伸阅读

流行季节及流行地区

　　森林脑炎的流行有严格的季节性，每年5月上旬开始出现病人，6月达到高峰，7－8月逐渐下降，呈散发状态；约80%的病例发生于5－6月间，因好发于春夏之季，又被称作"春夏脑炎"。有专家推测，我国每年被蜱叮咬的人数约在300万，按1%的发病率计算，约有几万人发病，但临床报告没那么多，估计有不少病例被遗漏了。由此看来，本病人群普遍易感，但职业特点更为明显，林业工人、筑路工人和经常接触牛、马、羊的农牧民容易感染发病。被带有病毒的蜱叮咬后，大部分患者为隐性感染或轻型病例，仅有一小部分出现典型的症状，感染后可获得持久的免疫力。

森林脑炎分布有严格的地区性，我国主要多见于东北和西北的原始森林地区。特别是黑龙江省，森林面积广袤，宿主动物种类繁多，适于森脑病毒和传播媒介蜱的孳生繁殖，为全国森脑发病最早、最多的省份。

志贺菌

志贺菌外形为直杆菌，形态似其他肠杆菌科的种，革兰阴性，不运动。兼性厌氧，具有呼吸和发酵两种类型的代谢。接触酶阳性（只一个种例外），氧化酶阴性。有机化能营养型。发酵糖类不产气（除了少数种产气外），不利用柠檬酸盐或丙二酸盐作为唯一碳源。KCN 中不生长，不产 H_2S，是人和灵长类的肠道致病菌，引起细菌性痢疾。它是人类细菌性痢疾最为常见的病原菌，通称痢疾杆菌。

志贺菌分解葡萄糖，产酸不产气。VP 试验阴性，不分解尿素，不形成硫化氢，不能利用枸橼酸盐作为碳源。志贺菌能迟缓发酵乳糖（37℃经 3—4 天）。有 K 和 O 抗原而无 H 抗原，K 抗原是自患者新分离的某些菌株的菌体表面抗原，不耐热，加热100℃经 1 小时被破坏。K 抗原在血清学分型上无意义，但可阻止 O 抗原与相应抗血清的凝集反应。O 抗原分为群特异性抗原和型特异性抗原，前者常在几种近似的菌种间出现；型特异性抗原的特异性高，用物区别菌型。根据志贺菌抗原构造的不同，可分为 4 群 48 个血清型（包括亚型）。

在用药前取粪便的脓血或黏液部分，标本不能混有尿液。如不能及时送检，应将标本保存于30%甘油缓冲盐水或增菌培养液中。中毒

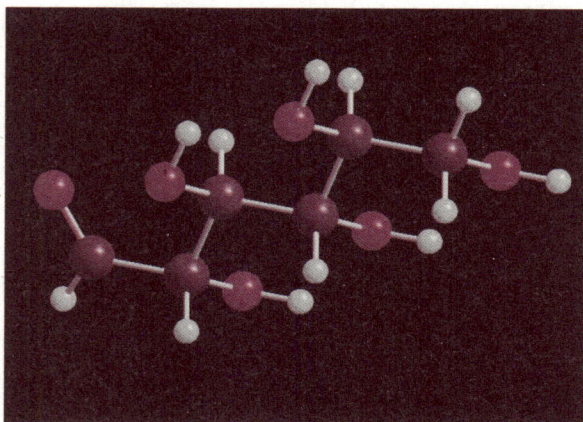

葡萄糖分子的三维模型

性菌痢可取肛门拭子检查。特异性预防主要采用口服减毒活菌苗，近年试用者有 Sd 株、神氏 2a 变异株等。这些活菌苗虽有一定的预防作用，但免疫力弱，维持时间短，又服用量大、型间无保护性交叉免疫。故大规模应用还受一定限制。治疗可用磺胺类药、氨苄青霉素、氯霉素、黄连素等；中药黄连、黄柏、白头翁、马齿苋等也有疗效。

知识点

痢　疾

　　痢疾，古称肠澼、滞下。为急性肠道传染病之一。临床以发热、腹痛、里急后重、大便脓血为主要症状。若感染疫毒，发病急剧，伴突然高热，神昏、惊厥者，为疫毒痢。痢疾初起，先见腹痛，继而下痢，日夜数次至数十次不等。多发于夏秋季节，由湿热之邪，内伤脾胃，致脾失健运，胃失消导，更挟积滞，酝酿肠道而成。痢疾临床表现为腹痛、腹泻、里急后重、排脓血便，伴全身中毒等症状。婴儿对感染反应不强，起病较缓，大便最初多呈消化不良样稀便，病程易迁延。3 岁以上患儿起病急，以发热、腹泻、腹痛为主要症状，可发生惊厥、呕吐。志贺或福氏菌感染者病情较重，易出现中毒型痢疾，多见于 3—7 岁儿童。人工喂养儿体质较弱，易出现并发症。

延伸阅读

志贺菌所致疾病

　　细菌性痢疾是最常见的肠道传染病，夏秋两季患者最多。传染源主要为病人和带菌者，通过污染了痢疾杆菌的食物、饮水等经口感染。人类对志贺菌易感，10～200 个细菌可使 10%～50% 志愿者致病。一般说来，志贺菌所致菌痢的病情较重；宋内菌引起的症状较轻；福氏菌介于二者之间，但排菌时间长，易转为慢性。

1. 急性细菌性痢疾：分为典型菌痢、非典型菌痢和中毒性菌痢 3 型。中毒性菌痢多见于小儿，各型痢疾杆菌都可引起。发病急，常在腹痛、腹泻未出现时，呈现严重的全身中毒症状。

2. 慢性细菌性痢疾：急性菌痢治疗不彻底，或机体抵抗力低、营养不良或伴有其他慢性病时，易转为慢性。病程多在 2 个月以上，迁延不愈或时愈时发。

部分患者可成为带菌者，带菌者不能从事饮食业、炊事及保育工作。

肉毒杆菌

肉毒杆菌是一种生长在缺氧环境下的细菌，在罐头食品及密封腌渍食物中具有极强的生存能力，是目前毒性最强的毒素之一。

肉毒杆菌是一种致命病菌，在繁殖过程中分泌毒素，是毒性最强的蛋白质之一。军队常常将这种毒素用于生化武器，人们食入和吸收这种毒素后，神经系统将遭到破坏，出现头晕、呼吸困难和肌肉乏力等症状。

肉毒杆菌 A 型毒素毒性极强，它能破坏一种名为 SNAP－25 的蛋白质，从而切断神经细胞间的通信，使肌肉麻痹。肉毒杆菌 A 型毒素的这一功能已被用于治疗斜视和肌肉痉挛等，后来整容医师开始用这种毒素麻痹面部肌肉以达到除皱效果。

美国《科学》杂志网站报道说，意大利的一个研究小组进行了利用肉毒杆菌 A 型毒素治疗癫痫症的实验。他们给患有癫痫症的老鼠的大脑一侧注射毒素，结果却在老鼠大脑另外一侧也意外发现了这种毒素。研究人员随后

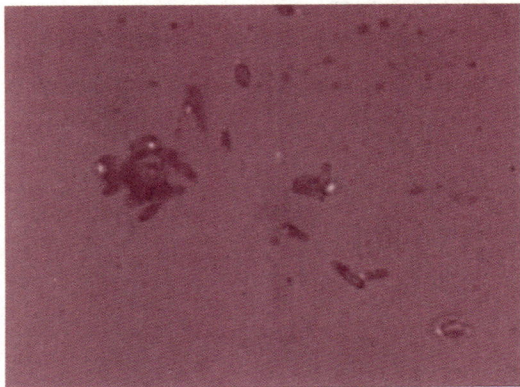

肉毒杆菌

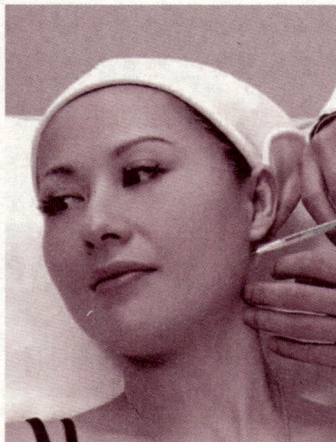

肉毒杆菌美容除皱

给正常的小鼠及大鼠的眼睛、须部及大脑注射毒素。SNAP－25蛋白质追踪研究结果表明，肉毒杆菌A型毒素可从注射部位向周边神经系统移动，有时能到达脑干部位。

美国媒体此前曾报道过肉毒杆菌毒素除皱致人死亡的事件，美国食品和药物管理局已就此开始调查。尽管新研究结果再次使人对肉毒杆菌毒素除皱的安全性产生怀疑，但也有科学家认为不必过分担忧。美国内华达大学的神经科学家克里斯托弗·范巴塞尔德说，只要注射不过量，肉毒杆菌毒素可以安全使用。

知识点

腌渍

腌渍食品是食品保藏的一种方法，其目的是为了防止食品腐败变质，延长食品的食用期，特别是当今食品极其丰富，食品流通迅速而广泛，食品的保鲜问题更显得重要。

腌渍食品的方法是一种很古老的保藏食品的方法，在民间比较普及，不同地区，不同民族都有食用腌渍食品的习惯。

腌渍食品不仅有特殊的风味，有的还有刺激食欲，帮助消化，去油腻的功效，有些地区无论家庭餐桌上，还是豪华的酒楼必有各色腌渍小食品点缀。

延伸阅读

肉毒杆菌的副作用

肉毒杆菌可以美容除皱，但还是有一定的并发症和副作用，如注射局部有头痛；抬头纹处注射不当时会发生睑下垂；鱼尾纹处注射不当时会发生复视及闭眼不全；因注射剂量不准确，一侧多、一侧少会发生不对称的结果；进针刺破血管偶尔发生出血或血肿；大剂量、反复注射可能会引起免疫复合物疾病；肌肉麻痹的结果是不能做各种表情，有假面具样感觉；极少数病人可发生过敏性休克。

初次治疗一星期后应对患者进行复查，此时的治疗效果、并发症等就都很确切了。少数患者可能需要补充注射，由此就能确定对每一位患者的理想剂量。还有一些注意事项，如病人在注射前14天要停止使用阿司匹林和阿司匹林类药物；注射当日要停用化妆品；注射后不要按摩局部，以免毒素扩散等。

目前已经有许多导演拒绝让施打肉毒杆菌的演员上阵，因为虽然美得巧夺天工，但是肌肉已经僵硬，完全无法做出正常的喜怒哀乐表情。

微小的原生动物

微生物包括细菌、病毒、真菌以及一些小型的原生动物。

原生动物，是动物界中最低等的一类真核单细胞动物，个体由单个细胞组成。原生动物形体微小，最小的只有 2~3 微米，一般多在 10~200 微米，除海洋有孔虫个别种类可达 10 厘米外，最大的约 2 毫米。原生动物生活领域十分广阔，可生活于海水及淡水内，底栖或浮游，但也有不少生活在土壤中或寄生在其他动物体内。原生动物一般以有性和无性两种世代相互交替的方法进行生殖。

原生动物中，寄生虫是比较常见的。寄生虫对人体的危害是很大的，主要包括其作为病原引起寄生虫病及作为疾病的传播媒介两方面。寄生虫病对人体健康和畜牧家禽业生产的危害均十分严重。在占世界总人口 77% 的广大发展中国家，特别在热带和亚热带地区，寄生虫病依然广泛流行，威胁着儿童和成人的健康甚至生命。

异形吸虫

异形吸虫是一类属于异形科的小型吸虫，体长仅 0.3~0.5 毫米，最大者也不超过 2~3 毫米。在我国常见的异形吸虫有 10 多种，已有人体感染报告的共 5 种，它们是异形吸虫、横川后殖吸虫、钩棘单睾吸虫、多棘单睾吸虫与台湾棘带吸虫。除前两种在台湾发现的病例数较多外，在大陆人体感染的病例较少。

异形吸虫的成虫呈长梨形，大小为（1～1.7）毫米×（0.3～0.4）毫米，口吸盘较腹吸盘小，生殖吸盘位于腹吸盘的左下方。睾丸2个，位于肠支末端的内侧。贮精囊弯曲，卵巢在睾丸之前紧接卵模，卵黄腺在虫体后部两侧各有14个。子宫很长，曲折盘旋，向前通入生殖吸盘。虫卵大小为（28～30）微米×（15～17）微米，棕黄色，有卵盖。

异形吸虫成虫寄生在鸟类与哺乳动物的肠管。在我国第一中间宿主为淡水螺，种类很多；第二中间宿主为淡水鱼，包括鲤科与非鲤科鱼类，偶然也可在蛙类寄生。卵很小，（23～30）微米×（12～17）微米，外观与大小都和华支睾吸虫卵相似，鉴别有困难。生活史包括毛蚴、胞蚴、雷蚴（1—2代）、尾蚴与囊蚴。

异形吸虫成虫很小，在肠管寄生时可钻入肠壁，因此虫体和虫卵有可能通过血液到达其他器官。

在菲律宾曾在人的心肌中发现成虫，脑、脊髓、肝、脾、肺与心肌有异形吸虫卵沉着，并可能造成严重后果。重度的消化道感染可出现消瘦和消化道症状。理论上，本虫感染人体的机会不少，但因各种异形吸虫虫卵形态相似，与华支睾吸虫卵形态近似，难于鉴别，主要以成虫鉴定虫种。

知识点

寄　生

寄生即两种生物在一起生活，一方受益，另一方受害，后者给前者提供营养物质和居住场所，这种生物的关系称为寄生。主要的寄生物有细菌、病毒、真菌和原生动物。在动物中，寄生蠕虫特别重要，而昆虫是植物的主要大寄生物。专性寄生必需以宿主为营养来源，兼性寄生也能营自由活动。拟寄生物包含一大类昆虫大寄生物，它们在昆虫宿主身上或体内产卵，通常导致寄主死亡。

吸虫的危害

吸虫绝大多数是各类脊椎动物的寄生虫病的病原，软体动物等因被吸虫的幼虫期所寄生亦受损害。因此，人及各类经济动物均可受到不同程度的危害。

单殖亚纲分单后盘目及多后盘目。种类在千种以上，绝大多数是鱼类的体外寄生虫。它们通常以其后附着器的几丁质结构插入被寄生部位的组织，破坏鳃及皮肤的组织，造成炎症，引起病变；及吸吮鱼血、黏液，引起继发性鱼病。有时可导致鱼苗的大批死亡。单殖吸虫对中国淡水养殖鱼类的危害，主要有三代虫和指环虫二属种类所引起的鳃病和皮肤病。

复殖亚纲种类繁多，约有140余科1 400多属、万种以上，占吸虫纲的大部分。其中一些种类是人体和经济动物（珍贵动物、家畜、家禽、鱼类及经济贝类等）的吸虫病病原。如腹口吸虫目及前口吸虫目的孔肠科等吸虫是鱼类寄生虫，幼虫期寄生在双壳纲软体动物如贻贝、珍珠贝、缢蛏等上，产生严重危害。在前口目中的裂体科、并殖科、双腔科、片形科、同盘科、后睾科及棘口科等均有人体和家畜、家禽及鱼类等经济动物重要吸虫病的病原。多种吸虫病原可使家畜消瘦，甚至大批死亡。应根据各吸虫生活史各阶段的生物学特点，中间宿主（传播媒介）的生活习性、吸虫病原存在、散布的生态学及流行病学特点而采取综合防治措施。

华支睾吸虫

中华支睾吸虫，简称华支睾吸虫，又称肝吸虫。成虫寄生于人体的肝胆管内，可引起华支睾吸虫病，又称肝吸虫病。本虫于1874年首次在加尔各答一华侨的胆管内发现，1908年才在我国证实该病存在。1975年在我国湖北江陵西汉古尸粪便中发现本虫虫卵，继之又在该县战国楚墓古尸见该虫卵，从而证

华支睾吸虫

明华支睾吸虫病在我国至少已有 2 300 年以上历史。

华支睾吸虫成虫体形狭长，背腹扁平，前端稍窄，后端钝圆，状似葵花籽，体表无棘。虫体大小一般为（10~25）微米×（3~5）微米。口吸盘略大于腹吸盘，前者位于体前端，后者位于虫体前五分之一处。消化道简单，口位于口吸盘的中央，咽呈球形，食管短，其后为肠支。肠支分为两支，沿虫体两侧直达后端，不会合，末端为盲端。排泄囊为一略带弯曲的长袋，前端到达受精囊水平处，并向前端发出左右两支集合管，排泄孔开口于虫体末端。雄性生殖器官有睾丸一对，前后排列于虫体后部三分之一，呈分支状。两睾丸各发出 1 条输出管，向前约在虫体中部会合成输精管，通储精囊，经射精管入位于腹吸盘前缘的生殖腔，缺阴茎袋、阴茎和前列腺。雌性生殖器官有卵巢一个，浅分叶状，位于睾丸之前，输卵管发自卵巢，其远端为卵模，卵模周围为梅氏腺。卵模之前为子宫，盘绕向前开口于生殖腔。受精囊在睾丸与卵巢之间，呈椭圆形，与输卵管相通。劳氏管位于受精囊旁，也与输卵管相通，为短管，开口于虫体背面。卵黄腺呈滤泡状，分布于虫体的两侧，两条卵黄腺管会合后，与输卵管相通。

华支睾吸虫卵盖周围的卵壳增厚形成肩峰，另一端有小瘤虫卵形似芝麻，淡黄褐色，一端较窄且有盖，卵盖周围的卵壳增厚形成肩峰，另一端有小瘤。卵甚小，大小为（27~35）微米×（12~20）微米。从粪便中排出时，卵内已含有毛蚴。

华支睾吸虫生活史为典型的复殖吸虫生活史，包括成虫、虫卵、毛蚴、胞蚴、雷蚴、尾蚴、囊蚴及后尾蚴等阶段。终宿主为人及肉食

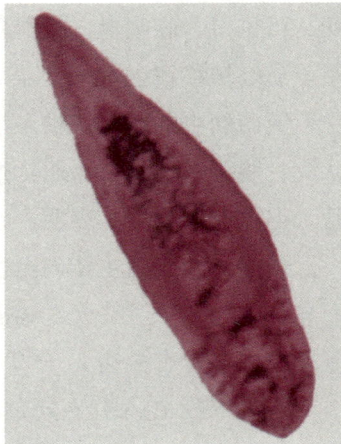

华支睾吸虫成虫

哺乳动物（狗、猫等），第一中间宿主为淡水螺类，如豆螺、沼螺、涵螺等，第二中间宿主为淡水鱼、虾。成虫寄生于人和肉食类哺乳动物的肝胆管内，虫多时可移居到大的胆管、胆总管或胆囊内，也偶见于胰腺管内。

成虫产出虫卵，虫卵随胆汁进入消化道随粪便排出，进入水中被第一中间宿主淡水螺吞食后，在螺类的消化道内孵出毛蚴，毛蚴穿过肠壁在螺体内发育成为胞蚴，再经胚细胞分裂，形成许多雷蚴和尾蚴，成熟的尾蚴从螺体逸出。尾蚴在水中遇到适宜的第二中间宿主淡水鱼、虾类，则侵入其肌肉等组织，经 20—35 天，发育成为囊蚴。囊蚴呈椭球形，大小平均为 0.138 毫米 × 0.15 毫米，囊壁分两层。囊内幼虫运动活

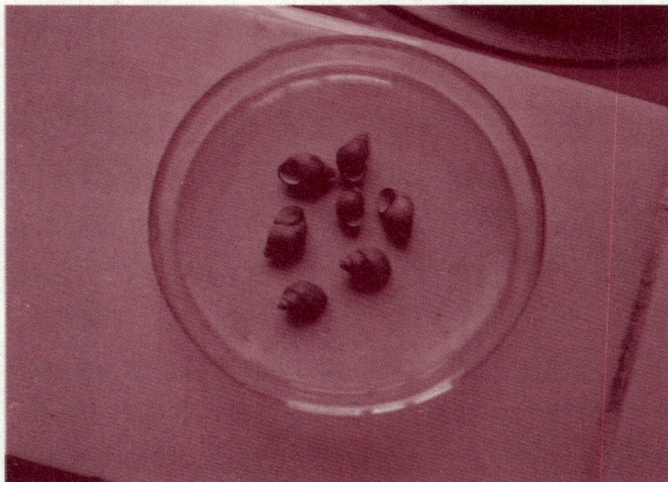

豆 螺

跃，可见口、腹吸盘，排泄囊内含黑色颗粒。囊蚴在鱼体内可存活 3 个月到 1 年。囊蚴被终宿主（人、猫、狗等）吞食后，在消化液的作用下，囊壁被软化，囊内幼虫的酶系统被激活，幼虫活动加剧，在十二指肠内破囊而出。一般认为，脱囊后的幼虫循胆汁逆流而行，少部分幼虫在几小时内即可到达肝内胆管。但也有动物实验表明，幼虫可经血管或穿过肠壁到达肝胆管内。

囊蚴进入终宿主体内至发育为成虫并在粪中检到虫卵所需时间随宿主种类而异，人约 1 个月，犬、猫需 20—30 天，鼠平均 21 天。人体感染后成虫数量差别较大，曾有多达 21 000 条成虫的报道。成虫寿命约为 20—30 年。

华支睾吸虫病主要分布在亚洲，如中国、日本、朝鲜、越南和东南亚国家。在我国除青海、宁夏、内蒙古、西藏等尚未见报道外，其余的省、市、自治区都有不同程度流行。据 1988—1992 年全国寄生虫病调查报道，全国平均

感染率为 0.365%，平均感染率最高的为广东省（1.824%）。因该病属人兽共患疾病，估计动物感染的范围更广。

知识点

生活史

动物、植物、微生物在一生中所经历的生长、发育和繁殖等的全部过程，叫作它们的生活史。

生活史是生物学家很熟悉的概念，它可定义为物种的生长、分化、生殖、休眠和迁移等各种过程的整体格局。不同的物种具有不同的生活史特征，例如一年生、二年生和多年生的，一年中只生殖一次的和多次的，有休眠的和无休眠的等等。有卵、幼虫、蛹和成虫各个阶段的完全变态昆虫，有多寄生和复杂生活史的寄生虫，有改变栖息地的候鸟，彼此间生活史的差别是很明显的。比较各个物种的生活史特征，揭示其相似性和分异性，进而联系其栖息地环境条件，探讨其适应性，联系物种的分类地位，探讨各种类型和亚类型生活史在生存竞争中的意义，是现代生态学的一个重要任务。

生活史的关键组分包括身体大小、生长率、繁殖和寿命。

延伸阅读

易感人群

华支睾吸虫的感染无性别、年龄和种族之分，人群普遍易感。流行的关键因素是当地人群是否有生吃或半生吃鱼肉的习惯。实验证明，在厚度约 1 毫米的鱼肉片内的囊蚴，在 90℃ 的热水中，1 秒钟即能死亡，75℃ 时 3 秒内死亡，70℃ 及 60℃ 时分别在 6 秒及 15 秒内全部死亡。囊蚴在醋（含醋酸浓度 3.36%）中可活 2 个小时，在酱油中（含 NaCl 19.3%）可活 5 小时。在烧、烤、烫或蒸全鱼时，可因温度不够、时间不足或鱼肉过厚等原因，未能杀死全部囊蚴。成人感染方式以食鱼生为多见，如在广东珠江三角洲、香港、台湾等地人群主要通过吃"鱼生"、"鱼生粥"或烫鱼片而感染；东北朝鲜族居民主要是用生鱼佐酒吃而感染；小孩的感染则与他们在野外进食未烧烤熟透的鱼虾有关。此外，抓鱼后不洗手或用口叼鱼、使用切过生鱼的刀及砧板切熟食、用盛过生鱼的器皿盛熟食等也有使人感染的可能。

艾氏小杆线虫

艾氏小杆线虫亦称艾氏同杆线虫，属小杆总科的小杆科。此吸虫原营自生生活，常出现于污水及腐败植物中，偶可寄生于人体，引起艾氏小杆线虫病。该病曾认为属罕见线虫病，但我国从 1950 年始报道，迄今已发现 149 例，分别从粪便和尿液中检出，以粪检者居多，达 130 例。

人体感染艾氏小杆线虫途径可能是经消化道或经泌尿道上行感染，在污水中游泳、捕捞水产品而接触污水或误饮污水均为幼虫侵入人体提供了机会。艾氏小杆线虫侵入消化系统常引起腹痛、腹泻，但亦可无明显的症状和体征；侵入泌尿系统可引起发热、腰痛、血尿、尿频、尿急或尿痛等泌尿系统感染症状，肾实质受损时可出现下肢水肿和阴囊水肿、乳糜尿、尿液检查有蛋白尿、脓尿、低密度尿和氮质血症。

平时应该注意个人卫生，避免饮用污水或接触污水及腐败植物是预防艾氏小杆线虫病的关键。治疗药物可用阿苯达唑、甲苯达唑等。

艾氏小杆线虫成虫纤细，圆柱状，体表光滑。前端有 6 片等大的唇片，食管呈杆棒状，前后各有 1 个咽管球，尾部尖长如针状。雄虫长约为 1.2 毫米，雌虫长约为 1.55 毫米，生殖器官为双管型，子宫内含卵 4~6 个。虫卵形态与钩虫卵相似，但较小。本虫营自生生活，雌雄交配，产卵，卵孵化出杆状蚴，进食、生长、蜕皮、发育至自生生活的成虫，常生活在腐败的有机物内，也常出现于污水中。研究证明，各期虫体对人工肠液（pH 值 8.4）有较高的耐受性；在人工胃液（pH 值 1.4）内虫卵可存活 24 小时；虫体在正常人尿中存活不久，但在患肾炎、肾病或乳糜尿病人的尿中能生长发育。

知识点

吸 虫

吸虫，属扁形动物门的吸虫纲。在人体中寄生的吸虫均隶属于复殖目，称为复殖吸虫，其基本结构及发育过程略同。大多数复殖吸虫成虫外观呈叶状、长舌状。背腹扁平，两侧对称；通常具口吸盘及腹吸盘。体壁组织吸虫成虫体表有皱褶、凸起、陷窝、体棘、感觉乳突等，其形态、数量、分布等因不同虫种、不同部位而异。吸虫纲的种类均为寄生的，少数营外寄生，多数营内寄生生活。

吸虫类适应寄生生活，其形态结构和生理相应地发生了一系列变化。寄生生活的特点是：环境相对稳定、有局限，营养丰富。为适应这类环境，其运动功能退化，体表无纤毛、无杆状体，也无一般的上皮细胞，而大部分种类发展有具小刺的皮层；神经、感觉器官也趋于退化，除外寄生种类有些尚有眼点外，内寄的种类眼点感觉器官消失；同时发展了吸附器，如肌肉发达的吸盘和小钩等，用以固着于寄主的组织上。吸虫体柔软，左右对称不分节，三胚层，无体腔。

延伸阅读

吸虫的排泄系统

吸虫的排泄系统由焰细胞、毛细管、集合管与排泄囊组成，经排泄孔通体外。焰细胞与毛细管构成原肾单位。焰细胞的数目与排列可用焰细胞式表示。它是吸虫分类的重要证据。焰细胞有细胞核、线粒体、内质网等。胞浆内有一束纤毛，每一纤毛有两根中央纤丝与 9 根外周纤丝组成。活体显微镜观察时，纤毛颤动像跳动的火焰，因而得名。纤毛颤动使液体流动并形成较高的过滤压，促使含有氨、尿素、尿酸等废物的排泄物排除体外。

美丽筒线虫

　　美丽筒线虫是许多反刍动物和猪、猴、熊等口腔与食管黏膜和黏膜下层的寄生虫。人体寄生的最早病例是由列戴（1850）在美国费城及帕尼（1864）在意大利分别发现的。此后世界各地陆续有散在的病例报道。中国自1955年在河南发现第一例病人后，迄今已报道百余例，分布于山东、黑龙江、辽宁、内蒙古、甘肃、陕西、青海、四川、北京、河北、天津、河南、山西、上海、江苏、湖北、湖南、福建、广东19个省（市、区），其中山东报告的病例最多。

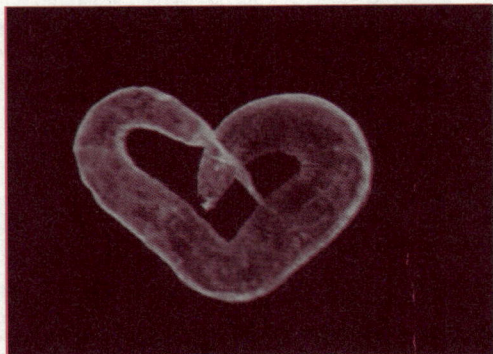

美丽筒线虫

　　美丽筒线虫的成虫细长，乳白色，寄生于人体者较小，在反刍动物体内者较大。从人体获得的虫体，雄虫长21.5～62毫米，宽0.1～0.3毫米，雌虫长32～150毫米，宽0.2～0.53毫米。

　　美丽筒线虫的体表有纤细横纹。虫体前段表皮具明显丛行排列、大小不等、数目不同的花缘状表皮突，在前段排成4行，延至近侧翼处增为8行。口小，位于前端中央，其两侧具分叶的侧唇，在两侧唇间的背、腹侧各有间唇1个。雄虫尾部有明显的膜状尾翼。雌虫尾部钝锥状，不对称，稍向腹面弯曲，子宫粗大，内含大量虫卵。雄虫尾部有明显尾翼，两侧不对称，交合刺2根，长短、形状各异。

　　成虫寄生在终宿主（各种动物）的口腔、咽和食管黏膜或黏膜下层。雌虫产出的含蚴卵可由黏膜的破损处进入消化道并随粪便排出。若被甲虫或蜚蠊吞入，卵内幼虫在昆虫消化道孵出，并穿过肠壁进入血体腔，发育为囊状的感染性幼虫。终宿主吞食含此期幼虫的昆虫后，幼虫即破囊而出，侵入胃或十二指肠黏膜，再向上移行至食管、咽或口腔黏膜内寄生，约2个月后发育为成虫。成虫在人体寄居一般不产卵。虫体在寄生

蜚蠊

部位不固定于一处，移动速度较快，且可隐匿不现，间隔一定时间后，又重新出现。寄生虫体数量可为1条至数十条不等，在人体寄生可达1年。

知识点

反刍动物

　　反刍是指进食经过一段时间以后将半消化的食物返回嘴里再次咀嚼。反刍动物就是有反刍现象的动物，通常是一些草食动物，因为植物的纤维是比较难消化的。

　　反刍动物的消化分两个阶段：首先咀嚼原料吞入胃中，经过一段时间以后将半消化的食物反刍再次咀嚼。反刍动物在解剖学的共同特征是均为偶蹄类。

　　反刍动物的胃多分为4个胃室（骆驼分3个胃室），分别为瘤胃、网胃、重瓣胃和皱胃。前两个胃室（瘤胃和网胃）将食物和唾液混合，特别是使用共生细菌将纤维素分解为葡萄糖。然后食物反刍，经缓慢咀嚼以充分混合，进一步分解纤维。然后重新吞咽，经过瘤胃到重瓣胃，进行脱水。然后送到皱胃，最后送入小肠进行吸收。

···▶ **延伸阅读**

秀丽隐杆线虫

秀丽新杆线虫，是特指一种很小的蠕虫。秀丽新杆线虫已经成为现代发育生物学、遗传学和基因组学研究的重要模式材料。其成体长仅 1 毫米，全身透明，以细菌为食，居住在土壤中，雌雄同体，成虫共有 959 个体细胞，性别为雌雄同体或雄性，雌雄同体有 XX 性染色体而雄性为 XO。生活史为 3.5 天。野生型线虫胚胎发育中细胞分裂和细胞系的形成具有高度的程序性，这样就便于对其发育进行遗传学分析。由一个受精卵发育成为成熟的成体只要 2 天多一点（25℃时需 52 小时，最快可达到 48 小时）。从卵到成体每个细胞的命运以及它们沿着一定的程序，在特定时间的分裂和迁移都已搞得十分清楚。

旋毛形线虫

旋毛形线虫简称旋毛虫，由其引起的旋毛虫病对人体的危害性很大，严重感染常能致人死亡。很多种动物可作为本虫的宿主，是人兽共患的寄生虫病之一。

旋毛形线虫的成虫微小，线状，虫体后端稍粗。雄虫大小约为（1.4 ~ 1.6）毫米 ×（0.04 ~ 0.05）毫米；雌虫约为（3 ~ 4）毫米 ×0.06 毫米。消化道的咽管长度约为虫体长的 $\frac{1}{3}$ ~ $\frac{1}{2}$，其结构特殊：前段自口至咽神经环部位为毛细管状，其后略为膨大，后段又变为毛细管状，并与肠管相连。后段咽管的背侧面有一列由呈圆盘状的特殊细胞——杆细胞组成的杆状体。每个杆细胞内有核一个，位于中央；胞浆中含有糖原、线粒体、内质网及分泌型颗粒。其分泌物通过微管进入咽管腔，具有消化功能和强抗原性，可诱导宿主产生保护性免疫。两性成虫的生殖系统均为单管型。雄虫尾端具一对钟状交配附器，无交合刺，交配时泄殖腔可以翻出；雌虫卵巢位于体后部，输卵管短窄，子宫较长，其前段内含未分裂的卵细胞，后段则含幼虫，愈近阴道处的幼虫发育愈成熟。

旋毛形线虫幼虫囊包于宿主的横纹肌肉，呈梭形，其纵轴与肌纤维平行，大小约为（0.25～0.5）毫米×（0.21～0.42）毫米。一个囊包内通常含1～2条卷曲的幼虫，个别也有6～7条的。成熟幼虫的咽管结构与成虫相似。

旋毛形线虫在寄生人体的线虫中，旋毛虫的发育过程具有其特殊性。成虫和幼虫同寄生于一个宿主体内：成虫寄生于小肠，主要在十二指肠和空肠上段；幼虫则寄生在横纹肌细胞内。在旋毛虫发育过程中，无外界的自由生活阶段，但完成生活史则必须要更换宿主。除人以外，许多种哺乳动物，如猪、犬、鼠、猫及熊、野猪、狼、狐等野生动物，均可作为旋毛形线虫的宿主。

当人或动物宿主食入了含活旋毛虫幼虫囊包的肉类后，在胃液和肠液的作用下，数小时内，幼虫在十二指肠及空肠上段自囊包中逸出，并钻入肠黏膜内，经一段时间的发育再返回肠腔。宿主在感染后的 48 小时内，幼虫经4 次蜕皮后，即可发育为成虫。雌、雄虫交配后，雌虫重新侵入肠黏膜内，

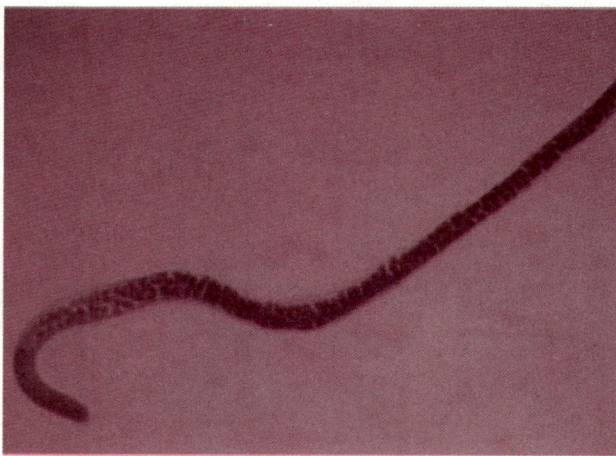

旋毛形线虫

有些虫体还可在腹腔或肠系膜淋巴结处寄生。受精后的雌虫子宫内的虫卵逐渐发育为幼虫，并向阴道外移动。感染后的第5—7 天，雌虫开始产出幼虫，排蚴膜可持续4—16 周或更长。此间，每一条雌虫可产幼虫约 1 500 条。成虫一般可存活1—2 个月，有的可活3—4 个月。

知识点

生殖系统

生殖系统是生物体内的和生殖密切相关的器官成分的总称。生殖系统的功能是产生生殖细胞，繁殖新个体，分泌性激素和维持副性征。

生殖系统，准确地说，是指在复杂生物体上任何与有性繁殖及组成生殖系统有关的组织（严格意义上，不一定都属于器官）。

人类及大部分哺乳动物的生殖系统主要有：

男性（雄性）：阴茎、睾丸、附睾、阴囊、前列腺、精液、尿道球腺等。

女性（雌性）：阴蒂、阴道、阴唇、子宫、输卵管、卵巢、前庭小腺、前庭大腺等。

另外有相关的性器官一词，广义地说是指会带来性快感的器官。生殖腺是指产生配子的器官。在人类身上是指睾丸与卵巢。

植物的生殖系统：

孢子植物孢子体的雌性生殖器官为颈卵器，雄性生殖器官为精子器。种子植物的花、果实或种子。雄性生殖器官为雄蕊，雌性生殖器官为雌蕊。但植物的繁殖不一定依赖这些器官或组织。

延伸阅读

旋毛形线虫的流行

旋毛虫病呈世界性分布，但以欧洲、北美洲发病率较高。此外，非洲、大洋洲及亚洲的日本、印度、印度尼西亚等国也有流行。我国自 1964 年在西藏首次发现人体旋毛虫病以后，相继在云南、贵州、甘肃、四川、河南、福建、江西、湖北、广东、广西、内蒙古、吉林、辽宁、黑龙江、天津等地都有人体感染的报告，或造成局部流行和暴发流行的报道。仅云南省至 1986 年就有 34 个县、市流行过旋毛虫病，发病 279 起，共有 7 892 个病例。旋毛虫病是云南省最严重的人兽共患寄生虫病。

在自然界中，旋毛虫是肉食动物的寄生虫，目前已知有百余种哺乳动物可自然感染旋毛虫病。在我国，旋毛虫感染率较高的动物有猪、犬、猫、狐和某些鼠类。这些动物之间相互残食或摄食尸体而形成的"食物链"，成为人类感染的自然疫源。但人群旋毛虫病的流行与猪的饲养及人食入肉制品的方式有更为密切的关系。猪的感染主要是由于吞食了含活动虫囊包的肉屑或鼠类，猪与鼠的相互感染是人群旋毛虫病流行的重要来源。猪为主要动物传染源，除上海市及海南、台湾外，其他的省、市、自治区均有猪感染旋毛虫的报道。其中在河南及湖北的某些地区感染较严重，猪的感染率在 10% 左右或更高，河南个别地区高达 50.2%，应引起重视。

旋毛虫幼虫囊包的抵抗力较强，能耐低温，猪肉中囊包里的幼虫在 −15℃ 需贮存 20 天才死亡，在腐肉中也能存活 2—3 个月。晾干、腌制、烧烤及涮食等方法常不能杀死幼虫，但在 70℃ 时多可被杀死。因此，生食或半生食受染的猪肉是人群感染旋毛虫的主要方式，占发病人数的 90% 以上。在我国的一些地区，居民有食"杀片"、"生皮"、"剁生"的习俗，极易引起本病的暴发流行。曾报道，吉林有因吃凉拌狗肉，哈尔滨有吃涮羊肉而引起人群感染旋毛虫。此外，切生肉的刀或砧板因污染了旋毛虫囊包，也可能成为传播因素。

班氏丝虫

班氏丝虫病是由班氏丝虫寄生于人体淋巴系统所引起的慢性寄生虫病，由蚊虫传播。早期临床特征主要为淋巴管炎和淋巴结炎，晚期因淋巴管阻塞形成象皮肿。

（1）传染源：班氏丝虫只感染深微丝蚴血症者为唯一传染源（包括病人和无症状带虫者），自然界尚未发现班氏丝虫有贮存宿主。

（2）传播途径：传播媒介为蚊虫，我国北纬 32°以北主要淡色库蚊，以南以致倦库蚊为主。

（3）易感人群：男女老幼皆易感。夏秋季节适于蚊虫繁殖及微丝蚴在蚊体内发育，故发病率以每年 5—11 月为高。人体感染丝虫后仅产生地水平免疫力，故可反复感染。

班氏丝虫潜伏期 4 个月至 1 年不等。感染后半数不出现症状血有微丝蚴称为"无症状感染者"。

班氏丝虫疾病可能与宿主的生理状况、生活习惯，尤其是睡眠习惯有关；亦与微丝蚴特有的生物节律有关，这种节律受宿主的昼夜节律影响并与之同步。丝虫从感染期幼虫侵入人体至发育为成虫并产生微丝蚴的时间，一般约需 8~12 个月。微丝蚴在人体内可存活 2—3 个月，成虫约可存活 3 年。

知识点

淋　巴

淋巴，也叫淋巴液，是人和动物体内的无色透明液体，内含淋巴细胞，由组织液渗入淋巴管后形成。淋巴管是结构跟静脉相似的管子，分布在全身各部。淋巴在淋巴管内循环，最后流入静脉，是组织液流入血液的媒介。淋巴存在于人体的各个部位，对于人体的免疫系统有着至关重要的作用。

延伸阅读

班氏丝虫在人体内的发育

感染丝虫的蚊刺吸人血时，丝状蚴自蚊下唇逸出，经吸血的伤口或正常皮肤钻入人体。丝状蚴侵入人体，先进入淋巴管，然后移行到大淋巴管和淋巴结内寄居，并发育为成虫。班氏丝虫除寄生在浅部淋巴系统外，还可寄生在深部淋巴系统，主要在下肢、阴囊、腹股沟、腹腔、肾盂等部位的淋巴组织中，雌虫和雄虫互相缠绕、交配，雌虫产出微丝蚴。微丝蚴随淋巴液经胸导管进入血液循环。微丝蚴白天滞留在肺毛细血管中，夜间则出现于外周血液，这用现象成为微丝蚴的夜现周期性。关于微丝蚴夜现周期性的原因，至今尚未明了，但很可能与中枢神经系统的兴奋与抑制活动有关。当人入睡时，迷走神经兴奋，肺毛细血管扩张，微丝蚴进入外周血液中；而白天迷走神经被抑制，肺毛细血管收缩，绝大多数微丝蚴被滞留在肺毛细血管内。一般微丝蚴活动的时间为夜间 10 时至次日清晨 2 时。一半在夜间 9 点以后，就能在外周血液中查获微丝蚴。微丝蚴在人体内可存活 2—3 个月。成虫的寿命一般为 4—10 年，也有长达 40 年者。

鞭 虫

鞭虫是袋形动物门线虫纲鞭虫属蠕虫，尤指毛首鞭虫。毛首鞭虫寄生在人和哺乳类的大肠内，因身体鞭状而得名。人（尤其是儿童）吃了污染的泥土而受染。鞭虫分泌一种液体到宿主组织内，将组织溶解并取食之。

鞭虫又称毛首鞭形线虫。成虫寄生于人体盲肠内，严重感染时也寄生于阑

雌虫　雄虫
成虫

盖塞
卵壳
卵细胞

虫卵

鞭虫及其虫卵

尾、回肠下段、结肠及直肠等处。虫体呈鞭状，雌虫体长 35～50 毫米，雄虫 30～45 毫米，虫体前 3/5 细如鞭状。

鞭虫成虫在寄生部位交配产卵后，卵随寄主粪便排出体外，在土壤中经过 3 周左右的时间发育成感染卵，感染卵被人误食后在小肠内孵化，幼虫移行到盲肠处发育为成虫。自感染到成虫产卵约需 1 个月。日产卵数千粒，成虫寿命 3～5 年。轻度感染时无明显症状，重度感染出现阵发性腹疼，慢性腹泻及便血等症状，传播途径及防治与蛔虫相似。驱虫采用甲苯咪唑、阿苯哒唑效果较好，噻嘧啶与甲苯咪唑合用效果更好。

鞭虫寄生在肠内，利用其细长的前端插入肠壁，靠吸血和摄食肠壁组织液为生。雌虫和雄虫交配后，产出的虫卵随粪便排出人体外，虫卵在外界温暖、阴暗、潮湿、氧气充足的土壤中经 20 天就变成了有传染性的虫卵。这种虫卵可随着水、食物、或脏手拿东西吃而进入口内感染人体。

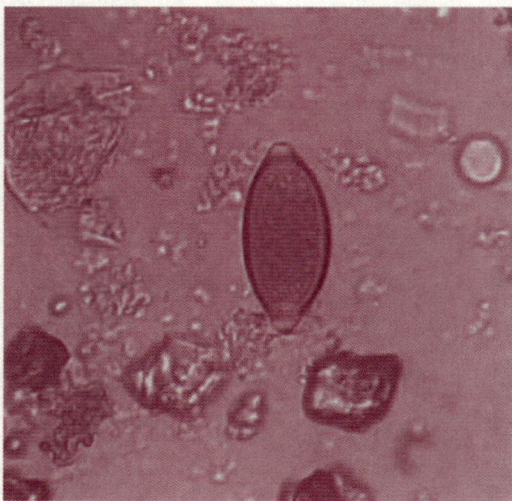

鞭虫虫卵

患了鞭虫病后，常出现小腹阵发性疼痛、恶心、食欲减退、慢性腹泻等表现。若成虫长期刺激肠壁，可引起胃功能的变化，如胃酸减少，甚至发生溃疡病。

鞭虫的口及前端钻入肠壁，对驱虫药物反应较小，是一种较难驱治的寄生虫。因此，做好预防鞭虫感染的工作十分重要。注意个人卫生及饮食卫生，饭前洗手，不喝生水，瓜果和蔬菜要洗净再吃。加强粪便管理，不随地大便。改善环境卫生，做好灭蝇防蝇工作以防虫卵污染食物。

知识点

阑 尾

阑尾又称蚓突，是细长弯曲的盲管，在腹部的右下方，位于盲肠与回肠之间，它的根部连于盲肠的后内侧壁，远端游离并闭锁，活动范围位置因人而异，变化很大，受系膜等的影响，阑尾可伸向腹腔的任何方位。

➤➤ 延伸阅读

寄生虫病的传播途径

寄生虫病的传播途径可分为：①经口感染。如食入被感染性蛔虫卵或阿米巴包囊污染的水或食物后，可感染蛔虫病或阿米巴病。②通过吸血的媒介昆虫传播。如被感染疟原虫的按蚊叮咬后可患疟疾。③经皮肤感染。如钩虫的丝状蚴可直接钻入寄主皮肤而使之感染。④经胎盘感染。如先天性疟疾、先天性弓形虫病等。⑤经呼吸道感染。如原发性阿米巴脑膜脑炎系经鼻腔黏膜感染的。⑥其他方式。如输血可感染疟原虫等。

此外，寄生虫病的传播需要具备一定的条件，才能发生流行，如：①媒介昆虫或中间寄主的存在。如疟原虫、丝虫等需要在特定的昆虫（按蚊、库蚊）体内发育繁殖后才能传播。有的寄生虫需在2个或2个以上中间寄主体内发育后才能感染人，如中华分支睾吸虫需在淡水螺体内发育成尾蚴后才能感染某些淡水鱼，在鱼体内发育为囊蚴才能感染人；因此这些寄生虫病的流行区受媒介昆虫及中间寄主分布范围的影响。②适宜的发育环境。如蛔虫卵需在土壤中，经适宜的温度、湿度和有氧条件下发育成感染性虫卵。③不良的卫生和饮食习惯。有些地区有生食（如食鱼生粥、醉蟹）的习惯而感染中华分支睾吸虫病。

蛲 虫

　　蛲虫是袋形动物门目动物。蛲虫是人类（尤其是儿童）肠内常见的寄生虫，也见于其他脊椎动物。雄体长 2～5 毫米，雌体长 8～13 毫米。尾端长，如针状。常寄生于大肠内，有时见于小肠、胃或消化道更高部位内。雌体受精后向肛门移动，并在肛门附近的皮肤上排卵，随即死亡。蛲虫在皮肤上爬动引起痒感，瘙痒时虫卵粘在指甲缝，后被吞下，然后入肠。生活周期 15—43 天。

　　蠕形住肠线虫简称蛲虫，主要寄生于人体小肠末端、盲肠和结肠，引起蛲虫病。蛲虫病分布遍及全世界，是儿童常见的寄生虫病，常在家庭和幼儿园、小学等蛲虫儿童集居的群体中传播。

　　蛲虫成虫细小，乳白色，呈线头样。雌虫大小为（8～13）毫米×（0.3～0.5）毫米，虫体中部膨大，尾端长直而尖细，常可在新排出的粪便表面见到活动的虫体。雄虫较小，大小为（2～5）毫米×（0.1～0.2）毫米，尾端向腹面卷曲，雄虫在交配后即死亡，一般不易见到。虫卵无色透明，长椭圆形，两侧不对称，一侧扁平，另一侧稍凸，大小（50～60）微米×（20～30）微米，卵壳较厚，分为 3 层，由外到内为光滑的蛋白质膜、壳质层及脂层，但光镜下可见内外两层。刚产出的虫卵内含一蝌蚪期胚胎。

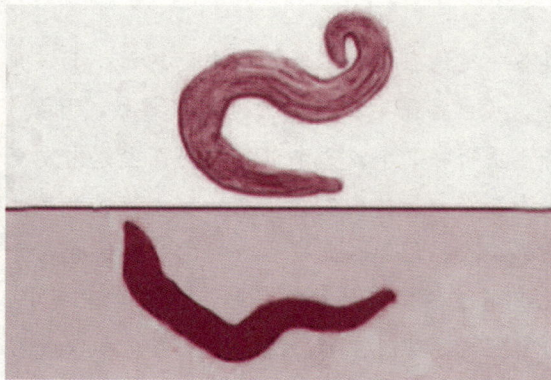

蛲 虫

　　蛲虫成虫寄生于人体肠腔内，主要在盲肠、结肠及回肠下段，重度感染时甚至可达胃和食管，附着在肠黏膜上。成虫以肠腔内容物、组织或血液为食。雌雄交配后，雄虫很快死亡而被排出体外；雌虫子宫内充满虫卵，在肠内温度和低氧环境中，一般不排卵或仅产很少虫卵。当宿主睡眠，肛门括约肌松弛时，雌虫向下移行至肛门外，产卵于肛门周围和会阴皮肤皱褶处。每条雌虫平均产卵万余个。产卵后雌虫大多自然死亡，但也有少数可返回肠腔，也可误入阴道、子宫、尿道、腹腔等部位，引起异位损害。

黏附在肛门周围和会阴皮肤上的虫卵，在34℃～36℃，相对湿度90%～100%，氧气充足的条件下，卵胚很快发育，约经6小时，卵内幼虫发育为感染期卵。雌虫在肛周的蠕动刺激，使肛门周围发痒，当患儿用手挠痒时，感染期卵污染手指，经肛门—手—口的方式感染，形成自身感染；感染期虫卵也可散落在衣裤、被褥、玩具、食物上，经口或经空气吸入等方式使其他人感染。

吞食的虫卵在十二指肠内孵出幼虫，幼虫沿小肠下行，在结肠发育为成虫。从食入感染期卵至虫体发育成熟产卵，需2—4周。雌虫寿命一般约为1个月，很少超过2个月。但儿童往往通过自身感染、食物或环境的污染而出现持续的再感染，使蛲虫病迁延不愈。

知识点

结 肠

结肠在右髂窝内续于盲肠，在第三骶椎平面连接直肠。结肠分升结肠、横结肠、降结肠和乙状结肠四部分，大部分固定于腹后壁，结肠的排列酷似英文字母"M"，将小肠包围在内。结肠的直径自其起端6厘米，逐渐递减为乙状结肠末端的2.5厘米，这是结肠肠腔最狭细的部位。

▶▶▶ 延伸阅读

口服驱虫药物

1. 甲苯咪唑

甲苯咪唑（安乐士）是近年来临床广泛应用的广谱驱虫药之一，口服后

5%～10%的剂量以肠道收，绝大部分从粪便中排出，单剂1片（100mg），在2周或4周后分别重服1次。孕妇尽量避免使用。速效肠虫净（复方甲苯咪唑）除含有甲苯咪唑100mg外，还含有左旋咪唑25mg。成人2片顿服，1周后虫卵阴转率达98.5%。

2. 肠虫清片

肠虫清片，主要成分阿苯达唑，通过抑制寄生虫肠壁细胞的浆微管系统的聚合，阻断虫体对多种营养及葡萄糖的吸收，导致寄生虫能量之耗竭，致虫体死亡。该药除杀死成虫及幼虫外，并使虫卵不能孵化。服药方法：两岁以上儿童及成人每次服用2片（400mg）；1—2岁者服用1片；1岁以下者及孕妇不宜服用。

3. 中药

中药：使君子，去外皮，炒熟。日剂量每岁1克（一粒半），1日3次分服，共服3天。服后不能饮水，以免发生打嗝。若与百部等量服用则效果更佳。

蛔　虫

蛔虫是线形动物门，线虫纲，蛔目，蛔科。是人体肠道内最大的寄生线虫，成体略带粉红色或微黄色，体表有横纹，雄虫尾部常卷曲。虫卵随粪便排出，卵分受精卵和非受精卵两种。前者金黄色，内有球形卵细胞，两极有新月状空隙；后者窄长，内有一团大小不等的粗大折光颗粒。只有受精卵才能卵裂、发育。在21℃～30℃、潮湿、氧气充足、荫蔽的泥土中约10天发育成杆状蚴。脱一次皮变成具有感染性幼虫的感染性虫卵，此时如被吞食，卵壳被消化，幼虫在肠内逸出。然后穿过肠壁，进入淋巴结和肠系膜静脉，经肝、右心、肺，穿过毛细血管到达肺泡，再经气管、喉头的会厌、口腔、食管、胃，回到小肠，整个过程需要25—29天，脱3次皮，再经1月余就发育为成虫。蛔虫是世界性分布种类，是人体最常见的寄生虫，感染率可达70%以上，农村高于城市，儿童高于成人。受感染后，出现不同程度的发热、咳嗽、食欲不振或善饥、脐周阵发性疼痛、营养不良、失眠、磨牙等症状，有时还可引起严重的并发症。如蛔虫扭集成团可形成蛔虫性肠梗阻，钻入胆道形成胆道蛔虫病，进入阑尾造成阑尾蛔虫病和肠穿孔等，对人体危害很大。

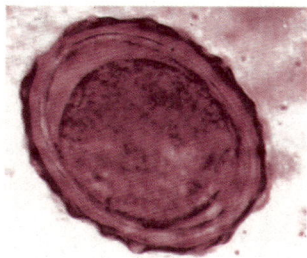

蛔虫受精卵

蛔虫的分布呈世界性，尤其在温暖、潮湿和卫生条件差的地区，人群感染较为普遍。

目前，我国多数地区农村人群的感染率仍高达 60% ~ 90%。①幼虫期致病：可出现发热、咳嗽、哮喘、血痰以及血中嗜酸性粒细胞比例增高等临床症状。②成虫期致病：a. 患者常有食欲不振、恶心、呕吐，以及间歇性脐周疼痛等表现。b. 可出现荨麻疹、皮肤瘙痒、血管神经性水肿，以及结膜炎等症状。c. 突发性右上腹绞痛，并向右肩、背部及下腹部放射。疼痛呈间歇性加剧，伴有恶心、呕吐等症状。

知识点

会 厌

会厌为医学术语，舌根后方帽舌状的结构，由软骨做基础，被以黏膜。于舌根之间有左右成对的凹窝，为骨刺容易进入部位，其后方是喉的入口。

成人会厌扁平如叶状，上缘游离呈弧形，茎在下端，附着于甲状软骨前角的内面。会厌分舌面和喉面，舌面组织疏松故感染时易肿胀，婴与儿童会厌质软呈卷叶状，并向前隆起似"Ω"或"∧"形，成年后多近于平坦，质较硬。

→ 延伸阅读

蛔虫的预防保健

对蛔虫病的防治，应采取综合性措施。包括查治病人和带虫者，处理粪便、管好水源和预防感染几个方面。加强宣传教育，普及卫生知识，注意饮食卫生和个人卫生，做到饭前、便后洗手，不生食未洗净的蔬菜及瓜果，不饮生水，防止食入蛔虫卵，减少感染机会。使用无害化人粪做肥料，防止粪便污染环境是切断蛔虫传播途径的重要措施。在使用水粪做肥料的地区，可采用五格三池贮粪法，使粪便中虫卵大部分沉降在池底。由于粪水中游离氨的作用和厌氧发酵，虫卵可被杀灭，同时也会增加肥效。利用沼气池发酵，既可解决农户照明、煮饭；又有利粪便无害化处理。可半年左右清除一次粪渣。此时，绝大部分虫卵已失去感染能力。在用于粪做肥料的地区，可采用泥封堆肥法，3 天后，粪堆内温度可上升至 52℃ 或更高，可以杀死蛔虫卵。对病人和带虫者进行驱虫治疗，是控制传染源的重要措施。驱虫治疗既可降低感染率，减少传染源，又可改善儿童的健康状况。驱虫时间宜在感染高峰之后的秋、冬季节，学龄儿童可采用集体服药。由于存在再感染的可能，所以，最好每隔 3—4 个月驱虫一次。对有并发症的患者，应及时送医院诊治，不要自行用药，以免贻误病情。常用的驱虫药物有丙硫咪唑、甲苯咪唑、左旋咪唑和枸橼酸哌嗪（商品名为驱蛔灵）等，驱虫效果都较好，并且不良反应少。

钩　虫

钩虫是钩口科线虫的统称，发达的口囊是其形态学的特征。在寄生人体消化道的线虫中，钩虫的危害性最严重，由于钩虫的寄生，可使人体长期慢性失血，从而导致患者出现贫血及与贫血相关的症状。钩虫呈世界性分布，尤其在热带及亚热带地区，人群感染较为普遍。据估计，目前，全世界钩虫感染人数达9亿左右。在我国，钩虫病仍是严重危害人民健康的寄生虫病之一。

寄生人体的钩虫，主要有十二指肠钩口线虫，简称十二指肠钩虫；美洲板口线虫简称美洲钩虫。另外，偶尔可寄生人体的锡兰钩口线虫，其危害性与前两种钩虫相似。犬钩口线虫和巴西钩口线虫的感染期蚴，虽也可侵入人体，引起皮肤幼虫移行症。因幼虫移行蜿蜒弯曲，引起皮疹呈匐行线状，故称匐形疹。但幼虫不能发育为成虫。

钩虫体长约1厘米，半透明，肉红色，死后呈灰白色。虫体前端较细，顶端有一发达的口囊，由坚韧的角质构成。因虫体前端向背面仰曲，口囊的上缘为腹面、下缘为背面。十二指肠钩虫的口囊呈扁卵圆形，其腹侧缘有钩齿2对，外齿一般较内齿略大，背侧中央有一半圆形深凹，两侧微呈突起。美洲钩虫口囊呈椭圆形。其腹侧缘有板齿1对，背侧缘则有1个呈圆锥状的尖齿。钩虫的咽管长度约为体长的六分之一其后端略膨大，咽管壁肌肉发达。肠管壁薄，由单层上皮细胞构成，内壁有微细绒毛，利于氧及营养物质的吸收和扩散。

钩虫除主要通过皮肤感染人体外，也存在经口感染的可能性，尤以十二指肠钩虫多见。被吞食而未被胃酸杀死的感染期蚴，有可能直接在小肠内发育为成虫。若自口腔或食管黏膜侵入血管的丝状蚴，仍需循皮肤感染的途径移行。婴儿感染钩虫则主要是因为使用了被钩蚴污染的尿布，或因穿"土裤子"，或睡沙袋等方式。此外，国内已有多例出生10—12天的新生儿即发病的报道，可能是由于母体内的钩蚴经胎盘侵入胎儿体内所致。有学者曾从产妇乳汁中检获美洲钩虫丝状蚴，说明通过母乳也有可能受到感染。导致婴儿严重感染的多是十二指肠钩虫。

钩虫对人体的危害主要是由于成虫的吸血活动，致使患者长期慢性失血，铁和蛋白质不断耗损而导致贫血。由于

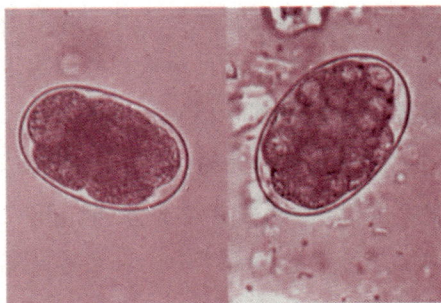

钩虫卵

缺铁，血红蛋白的合成速度比细胞新生速度慢，则使红细胞体积变小、着色变浅，故而呈低色素小细胞型贫血。患者出现皮肤蜡黄、黏膜苍白、眩晕、乏力，严重者作轻微活动都会引起心慌气促。部分病人有面部及全身水肿，尤以下肢为甚，以及胸腔积液、心包积液等贫血性心脏病的表现。肌肉松弛，反应迟钝，最后完全丧失劳动能力。

知识点

十二指肠

　　十二指肠介于胃与空肠之间，成人的十二指肠长度为 20～25 厘米，管径 4～5 厘米，紧贴腹后壁，是小肠中长度最短、管径最大、位置最深且最为固定的小肠段。胰管与胆总管均开口于十二指肠。因此，它既接受胃液，又接受胰液和胆汁的注入，所以十二指肠的消化功能十分重要。

延伸阅读

钩虫病的传染源

　　钩虫病患者和带虫者是钩虫病的传染源。钩虫病的流行与自然环境、种植作物、生产方式及生活条件等诸因素有密切关系。钩虫卵及钩蚴在外界的发育需要适宜的温度、湿度及土壤条件，因而感染季节各地也有所不同。在广东省，气候温暖、雨量充足，故感染季节较长，几乎全年均有感染机会。四川省则以每年 4—9 月为感染季节，5—7 月为流行高峰。而山东省每年 8 月为高峰，至 9 月感染率下降。一般在雨后初晴、或久晴初雨之后种植红薯、玉米、桑、烟、棉、甘蔗和咖啡等旱地作物时，如果施用未经处理的人粪做底肥，种植时手、足又有较多的机会直接接触土壤中的钩蚴，则极易受到感染。钩虫卵在深水中不易发育，因而，钩虫病的流行与水田耕作关系不大。但如采用旱地温床育秧，或移栽后放水晒秧等，则稻田也有可能成为感染钩虫的场所。在矿井下的特殊环境，由于温度高、湿度大，空气流通不畅、阳光不能射入以及卫生条件差等原因，亦有利于钩虫的传播。据四川省调查不同类型的矿井，煤矿工人的平均感染率仍高达 52.0%。

丝 虫

丝虫是袋形动物门线虫纲动物。幼虫生活于吸血昆虫（中间宿主）体内，成虫生活于被昆虫叮咬的动物（终末宿主）体内。雌虫产出大量微小、活跃的幼体（微丝蚴），进入宿主的血流内，当昆虫叮咬宿主动物时微丝蚴随血液进入昆虫体内，在其肌肉内发育成感染性蚴，在昆虫再吸血时感染性蚴钻入被叮咬的动物体内。丝虫能致哺乳动物的丝虫病。

丝虫是由吸血节肢动物传播的一类寄生性线虫。成虫寄生在脊椎动物终宿主的淋巴系统、皮下组织、腹腔、胸腔等处。雌虫为卵胎生，产出带鞘或不带鞘的微丝蚴。大多数微丝蚴出现于血液中，少数出现于皮内或皮下组织。幼虫在某些吸血节肢动物中间宿主体内进行发育。当这些中间宿主吸血时，成熟的感染期幼虫即自其喙逸出，经皮肤侵入终宿主体内发育为成虫。寄生在人体的丝虫已知有八种，即：班氏吴策线虫（班氏丝虫）、马来布鲁线虫（马来丝虫）、帝汶布鲁线虫（帝汶丝虫）、旋盘尾丝虫（盘尾丝虫）、罗阿罗阿丝虫（罗阿丝虫）、链尾唇棘线虫（链尾丝虫）、常现唇棘线虫（常现丝虫）和奥氏曼森线虫（奥氏丝虫）。

班氏丝虫和马来丝虫的生活史基本相似，都需要经过两个发育阶段，即幼虫在中间宿主蚊体内的发育及成虫在终宿主人体内的发育。当蚊叮吸带有微丝蚴的患者血液时，微丝蚴随血液进入蚊胃，经 1—7 小时，脱去鞘膜，穿过胃壁经血腔侵入胸肌，在胸肌内经 2—4 天，虫体活动减弱，缩短变粗，形似腊肠，称腊肠期幼虫。其后虫体继续发育，又变为细长，内部组织分化，其间蜕皮2次，发育为活跃的感染期丝状蚴。丝状蚴离开胸肌，进入蚊血腔，其中大多数到达蚊的下唇，当蚊再次叮人吸血时，幼虫自蚊下唇逸出，经吸血伤口或正常皮肤侵入人体。

人是班氏丝虫唯一的终宿主。但国内外学者用班氏丝虫的感染期幼虫人工感染黑脊叶猴、银叶猴及恒河猴后，均可检获到成虫及微丝蚴。Cross（1973）应用台湾猴做人工感染实验，结果可在猴体发育为成虫，且在末梢血液中检获微丝蚴。马来丝虫除寄生于人体外，还能在多种脊椎动物体内发育成熟。在国外，能自然感染亚周期型马来丝虫的动物，有长尾猴、黑叶猴、群叶猴和叶猴，以及家猫、豹猫、野猫、狸猫、麝猫、穿山甲等，其中叶猴感染率可达70%。它们所引起的森林动物丝虫病，为重要的动物源疾病，可发生动物至人的传播。国内于20世纪70年代用周期型马来丝虫接种长爪沙鼠获得成功，建立了动物模型。接种后第57天，雌虫发育成熟，第六十天和九十天可分别在沙鼠腹腔液和外周血液检到微丝蚴。此外，实验证明周期型马来丝虫可在人与恒河猴间相互感染，在恒河猴与长爪沙鼠间亦可相互感染，提示我国似乎亦存在动物传染源的可能性。

人感染丝虫主要是由蚊叮刺吸血经皮肤感染的。在丝虫病动物模型研究中，发现感染期幼虫经口感染亦能成功；还发现从落入水中的死蚊体逸出的感染期幼虫经口或皮肤接种沙鼠均可获成功，提示可能还有其他的感染途径。

知识点

线 虫

线虫，袋形动物门线虫纲所有蠕虫的通称，是动物界中数量最多者之一，寄生于动、植物，或自由生活于土壤、淡水和海水环境中，甚至在醋和啤酒这样稀罕的地方也能找到它们的足迹。线虫通常呈乳白、淡黄或棕红色。大小差别很大，小的不足1毫米，大的长达8米。

延伸阅读

急性期过敏和炎症反应

幼虫和成虫的分泌物、代谢及虫体分解产物及雌虫子宫排出物等均可刺激机体产生局部和全身性反应。早期在淋巴管可出现内膜肿胀，内皮细胞增生，随之管壁及周围组织发生炎症细胞浸润，导致淋巴管壁增厚，瓣膜功能受损，管内形成淋巴栓。浸润的细胞中有大量的嗜酸性粒细胞。提示急性炎症与过敏反应有关，有人认为属于Ⅰ型或Ⅲ型变态反应。

急性期的临床症状表现为淋巴管炎、淋巴结炎及丹毒样皮炎等。淋巴管炎的特征为逆行性，发作时可见皮下一条红线离心性地发展，俗称"流火"或"红线"。上下肢均可发生，但以下肢为多见。当炎症波及皮肤浅表微细淋巴管时，局部皮肤出现弥漫性红肿，表面光亮，有压痛及灼热感，即为丹毒样皮炎，病变部位多见于小腿中下部。在班氏丝虫，如果成虫寄生于阴囊内淋巴管中，可引起精索炎、附睾炎或睾丸炎。在出现局部症状的同时，患者常伴有畏寒发热、头痛、关节酸痛等，即丝虫热。有些患者可仅有寒热而无局部症状，可能为深部淋巴管炎和淋巴结炎的表现。

丝虫性淋巴管炎的多发年龄以青壮年为多。首次发作最早可见于感染后几周，但多数见于感染数月至一年后，并常有周期性反复发作，每月或数月发作一次。一般都在受凉、疲劳、下水、气候炎热等引起机体抵抗力降低时发生。

疟原虫

疟原虫属于真球虫目、疟原虫科、疟原虫属，是疟疾的病原体。

疟原虫种类繁多，寄生于人类的疟原虫有四种，即间日疟原虫、恶性疟原虫、三日疟原虫和卵形疟原虫，分别引起间日疟、恶性疟、三日疟和卵形疟。

在我国主要有间日疟原虫和恶性疟原虫，三日疟原虫少见，卵形疟原虫罕见。

疟原虫的基本结构包括核、胞质和胞膜，环状体以后各期尚有消化分解血红蛋白后的最终产物——疟色素。血片经姬氏或瑞氏染液染色后，核呈紫红色，胞质为天蓝至深蓝色，疟色素呈棕黄色、棕褐色或黑褐色。4 种人体疟原虫的基本结构相同，但发育各期的形态又各有不同。

寄生于人体的四种疟原虫生活史基本相同，需要人和蚊两个宿主。在人体内先后寄生于肝细胞和红细胞内，进行裂体增殖。在红细胞内，除进行裂体增殖外，部分裂殖子形成配子体，开始有性生殖的初期发育。在蚊体内，完成配子生殖，继而进行孢子增殖。

疟原虫经几代红细胞内期裂体增殖后，部分裂殖子侵入红细胞后不再进行裂体增殖而是发育成雌、雄配子体。恶性疟原虫的配子体主要在肝、脾、骨髓等器官的血窦或微血管里发育，成熟后始出现于外周血液中，约在无性体出现后 7—10 天才见于外周血液中。配子体的进一步发育需在蚊胃中进行，否则在人体内经 30—60 天即衰老变性而被清除。

4 种疟原虫寄生于红细胞的不同发育期，间日疟原虫和卵形疟原虫主要寄生于网织红细胞，三日疟原虫多寄生于较衰老的红细胞，而恶性疟原虫可寄生于各发育期的红细胞。

疟原虫在蚊体内发育受多种因素影响，诸如配子体的感染性（成熟程度）与活性、密度及雌雄配子体的数量比例，蚊体内生化条件与蚊体对入侵疟原虫的免疫反应性，以及外界温、湿度变化对疟原虫蚊期发育的影响。

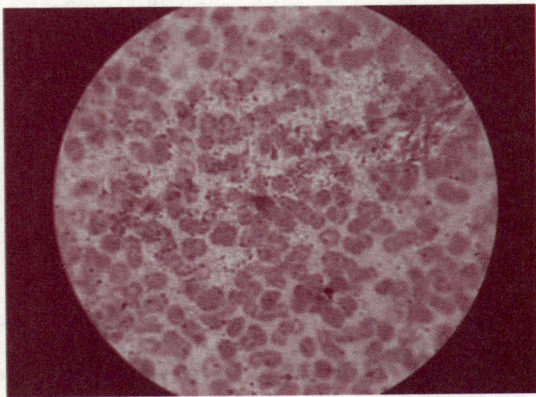

疟原虫

在不同的疟疾流行区，凶险型疟疾的高发人群和临床表现都很不同。在稳定的高度疟疾流行区，出生几个月的婴儿和 5 岁以下的幼童是凶险型疟疾的高发人群，主要的临床表现是恶性贫

疟原虫生活史

血。在中度疟疾流行区，脑型疟疾和代谢性酸中毒是儿童常见的凶险型疟疾。在低度疟疾流行区，急性肾衰竭、黄疸和肺水肿是成年人常见的临床表现，贫血、低血糖症和惊厥在儿童中比较多见，而脑型疟疾和代谢性酸中毒在所有的年龄组都可有。

疟疾是严重危害人类健康的疾病之一，据世界卫生组织（WHO）统计，目前世界上仍有90多个国家为疟疾流行区，全球每年发病人数达3亿~5亿，年死亡人数达100万~200万，其中80%以上的病例发生在非洲。

知识点

配子体

在植物世代交替的生活史中，产生配子和具单倍数染色体的植物体。苔藓植物配子体世代发达，习见的植物体为其配子体，孢子体寄生在它上面。

蕨类植物的配子体称原叶体，虽能独立生活，但生活期短，跟孢子体相比，不占优势地位。种子植物的配子体即花粉粒和胚囊（配子体所对应的雌雄配子分别为花粉粒——精子（雄配子），胚囊——卵细胞（雌配子）（其中有关花粉粒致死基因典型代表为女娄菜）仅由很少细胞组成，不能独立生活，寄生在孢子体上。形成配子并进行繁殖的世代称为配子世代，配子世代的生物体称为配子体。一般植物配子体为单倍染色体。

▶▶▶ 延伸阅读

疟疾的再燃和复发

疟疾初发停止后，患者若无再感染，仅由于体内残存的少量红细胞内期疟原虫在一定条件下重新大量繁殖又引起的疟疾发作，称为疟疾的再燃。再燃与宿主抵抗力和特异性免疫力的下降及疟原虫的抗原变异有关。疟疾复发是指疟疾初发患者红细胞内期疟原虫已被消灭，未经蚊媒传播感染，经过数周至年余，又出现疟疾发作，称复发。关于复发机制目前仍未阐明清楚，其中子孢子休眠学说认为由于肝细胞内的休眠子复苏，发育释放的裂殖子进入红细胞繁殖引起的疟疾发作。恶性疟原虫和三日疟原虫无迟发型子孢子，因而只有再燃而无复发。间日疟原虫和卵形疟原虫既有再燃，又有复发。

弓形虫

弓形虫也叫三尸虫，是细胞内寄生虫，寄生于细胞内，随血液流动，到达全身各部位，破坏大脑、心脏、眼底，致使人的免疫力下降，患各种疾病。

弓形虫是专性细胞内寄生虫，属于球虫亚纲，真球虫目，等孢子球虫科、弓形体属。人感染了这种寄生虫，便患了弓形虫病。

任何动物食入弓形虫的包囊、卵囊或活体，都能受到感染而患弓形虫病。猫科动物的粪便中，常带有卵囊。可以污染草原、牧场、蔬菜、水果等。猫的身上和口腔内常常有弓形虫包囊和活体。直接接触猫易受感染。狗的身上和口腔内常有包囊或活体，养狗的人不小心可能感染。其他家畜、家禽，如：鸡、鸭、鹅、猪、牛、马、羊等动物体内有时带弓形虫包囊和活体。所以食用肉、蛋奶也可能感染，鱼肉体内有时也有弓形虫包囊或活体。鱼也是一个传染源，另外某些吸血昆虫弓形虫，叮咬人时也可以感染。

人和人之间也可以互相传染。怀孕妇女，可以把弓形虫通过胎盘传染给胎儿。患弓形虫病的妇女，在怀孕期如果有血播期（即弓形体、燕形体、尖形体活动），胎儿一定被感染。所有胎儿80%为隐伏性的慢性弓形虫病患者，携带终生。还有一部分成为多病型体质，实际是多病型弓形虫病患者。很少一部分成为死胎畸形、弱智。

在哺乳期，因婴儿成为"带病免疫"者，所以尽管母乳中带有弓形虫，婴儿并无大碍，每喂一次奶，便接种一次活疫苗。婴儿可以照常发育成长。一个患弓形虫病的妇女，无论生几胎，只要孕期或哺乳期有过一次血播散，一定会传染给胎儿或婴儿。但症状轻重不一。

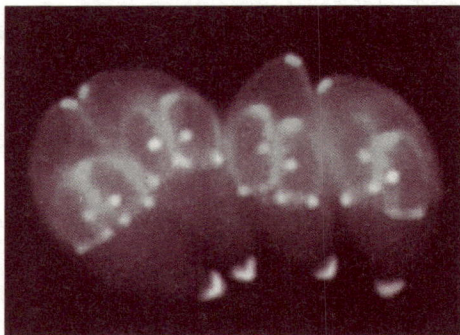

弓形虫

患有弓形虫病的妇女，在月经期弓形虫活动最强烈。妇女所排的经血里面常含有大量的弓形虫包囊，是一个不小的传染源。决不应忽视。

另外，患弓形虫病人的尿液中、唾液中、眼泪中、鼻涕中、男人的精液中有时带有弓形虫包囊。人类通过性行为可以互相传染。

急性发作的病人的喷嚏，可以成为飞沫传染源。

市面上销售的各种肉制品、香肠、火腿肠、罐头也都可以成为传染源。奶制品、奶油制品、蛋类制品、蛋糕、各类饼干、点心、冰点有时也能成为传染源。

总之不符合卫生标准的鱼、肉、蛋、奶及其制品都有可能传染弓形虫病。

弓形虫病的预防分为非免疫病源感染的预防和免疫病源感染的预防。

由于饮食或其他原因，大量非免疫病源进入人体内，造成非免疫病源感染，如果被感染者以前没有感染过弓形虫，这便是初次感染，由于体内不能很快生成抗体，会造成极严重的病症和后果甚至死亡。对于非初次感染的免疫低下者同样造成不良后果。如艾滋病患者、癌症晚期患者等，这种情况当前少见。

但因大多数人都是弓形虫带虫者，形成带虫免疫，被感染后很难出现初次感染的症状。

过去一向认为弓形虫滋养体超过56℃就死亡，只要熟食就不会感染弓形虫，现代科学研究证明熟食照常会感染弓形虫。只不过是慢性感染，症状较轻微，再加上潜伏期长，使人们不易察觉。要想做到预防慢性感染就要有一整套的预防手段。

知识点

免疫

免疫，是人体的一种生理功能，人体依靠这种功能识别"自己"和"非己"成分，从而破坏和排斥进入人体的抗原物质，或人体本身所产生的损伤细胞和肿瘤细胞等，以维持人体的健康。抵抗或防止微生物或寄生物的感染或其他所不希望的生物侵入的状态。免疫涉及特异性成分和非特异性成分。非特异性成分不需要事先暴露，可以立刻响应，可以有效地防止各种病原体的入侵。特异性免疫是在主体的寿命期内发展起来的，是专门针对某个病原体的免疫。

延伸阅读

急性弓形虫病的症状

弓形虫病重型急性感染少见。可出现全身症状。体温可上升到40℃或更高和伴有寒颤。呈弛张热或稽留热，持续2—3周，随体温上升，急性症状加重，头痛剧烈，全身肌肉疼痛以眼部和背部疼痛为甚。面部潮红眼球结膜充血，出现神情滞呆、无欲状态，还可出现嗜睡、昏迷或狂躁等精神、神经症状。食欲不振、腹泻或便秘。病情经过较严重，可造成死亡。有的患者可出现斑疹，麻疹样皮疹，红斑结节性皮疹，可持续两周，有的可留无色栗粒小疹，或紫褐瘢痕，数十年。也可出现淋巴结、肝、脾肿大。常伴有脑膜脑炎、肝炎、肺炎、心肌炎、心包炎，可导致死亡。有的患者出现视网膜炎、脉络膜炎。急性感染是全身的，受损部位可以是全身的，也可以是某一器官或某几个器官。

轻型急性感染，全身症状不太明显，类似一次感冒，或一次急性胃肠炎。

由于目前用于临床弓形虫检测方法检出率不高，以及临床医生对弓形虫病的认识不足，往往造成误诊。延误治疗，或是误用激素。造成弓形虫暴发。此时在一些大医院脑脊液可查出弓形体，依据现在的国际上的惯用治疗方案：乙胺嘧啶、磺胺嘧啶与阿奇霉素等药治疗后肝、肾及造血系统都得到严重的破坏。

此时即使再予以正确的治疗，愈后也会留下后遗症。

疥　螨

疥螨属真螨目，疥螨科，是一种永久性寄生螨类，寄生于人和哺乳动物的皮肤表皮层内，引起一种有剧烈瘙痒的顽固性皮肤病，即疥疮，寄生于人体的疥螨为人疥螨。

疥螨体躯不分节，体表具皮纹。足短小而有套叠的哺乳动物皮内寄生螨。本科螨类通称疥螨。是一类永久性的皮内寄生虫，可引起顽固的皮肤病疥疮。寄生于人体的主要是疥螨属的疥螨，世界性分布。除寄生于人体外，还可寄生于哺乳动物，如牛、马、骆驼、羊、犬和兔等的体上。

疥螨体微小。雌螨大，（300～500）微米×（250～400）微米；雄螨小，（200～300）微米×（150～200）微米，乳黄色，椭圆形，体表有皮纹和锥形皮棘。颚体短小，有 1 对钳状螯肢。

疥螨分卵、幼虫、若虫和成螨 4 个时期。成螨在宿主皮内的隧道中产卵，卵 3—4 天即孵化为幼虫，幼虫经 3—4 天蜕皮为若虫，再经 4—5 天若虫即蜕皮化为成螨。全部生活史需要 10—14 天。成螨常于夜晚在宿主表皮上进行交配，雄螨交配后不久即死亡，雌螨活跃，爬行较快，此时最易感染新宿主。雌螨找到适当部位即挖掘隧道，钻入皮肤，2—3 天后开始产卵于隧道内。每次可产 2～3 个，一生可产 40～50 个。雌螨一般不离开隧道，卵产完后死于隧道内。疥螨的寄生部位大多在皮肤嫩薄皱褶的地方，如手指缝、手腕屈面、肘窝、腋窝、脐周、生殖器、腹股沟和下肢等。儿童全身均可被寄生。

疥螨的致病作用是由于挖掘隧道引起皮损所致，而其分泌物、代谢产物以及死虫体又引起过敏反应，使人发生奇痒。疥螨夜间大肆活动，常造成失眠而影响健康。在引起皮损的初期，仅限于隧道入口处发生针头大小的微红小疱疹，但经患者搔破，可引起血痂和继发感染。产生脓包、毛囊炎或疖病，严重时可出现局部淋巴结炎，甚至产生蛋白尿或急性肾炎。

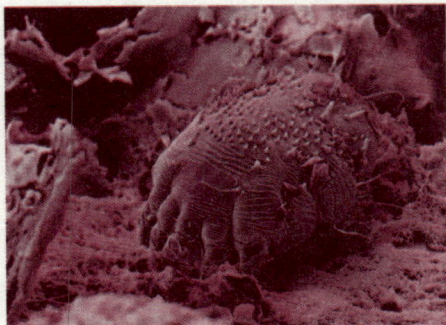

疥 螨

疥疮流行广泛，主要是通过直接传播，也可通过患者的衣物等间接传播。此外，动物的疥螨亦可传至人体，特别是患疥疮的家畜与人关系比较大。人体因痂螨属的猫痂螨偶然侵袭也会致病。

疥螨防治工作主要是注意个人卫生、勤洗澡、勤换衣，避免与患者接触或使用患者的衣物。患者应及时治疗，其衣物需经常煮沸或用蒸气消毒处理。治疗常用药物有硫磺软膏、苯内酸苄酯擦剂等。对动物患疥也要采取防治措施。

疥螨寄生在人体皮肤表皮角质层间，啮食角质组织，并以其螯肢和足跗节末端的爪在皮下开凿一条与体表平行而迂曲的隧道，雌虫就在此隧道产卵。

卵呈圆形或椭圆形，淡黄色，壳薄，大小约 80 微米×180 微米，产出后经 3—5 天孵化为幼虫，幼虫足 3 对，2 对在体前部，1 对近体后端，幼虫仍生活在原隧道中，或另凿隧道，经 3—~4 天蜕皮为前若虫，若虫似成虫，有足 4 对，前若虫生殖器尚未显现，约经 2 天后蜕皮成后若虫，雌性后若虫产卵孔尚未发育完全，但阴道孔已形成，可行交配，后若虫再经 3—4 天蜕皮而为成虫，完成一代生活史需时 8—17 天。

疥螨一般是晚间在人体皮肤表面交配，是在雄性成虫和雌性后若虫进行交配，雄虫大多在交配后不久即死亡；雌后若虫在交配后 20—30 分钟内钻入宿主皮内，蜕皮为雌虫，2—3 天后即在隧道内产卵，每日可产 2~4 个卵，一生共可产卵 40~50 个，雌螨寿命 5—6 周。

知识点

急性肾炎

急性肾炎是急性肾小球肾炎的简称，是常见的肾脏病。急性肾炎是由感染后变态反应引起的两侧肾脏弥漫性肾小球损害为主的疾病。可发生于任何年龄，以儿童为多见，多数有溶血性链球菌感染史。急性肾小球肾炎的病理改变主要为弥漫性毛细血管内皮增生及系膜增殖性改变，程度轻重不等，轻者可见肾小球血管内皮细胞有轻中度增生，系膜细胞也增多，重者增生更明显，且有炎症细胞浸润等渗出性改变。增殖的细胞及渗出物可引起肾小球毛细血管腔狭窄，引起肾血流量及肾小球滤过率下降。一般在 4—6 周内逐渐恢复，少数呈进行性病变，演变成慢性肾小球肾炎。

延伸阅读

流行病学

疥疮分布广泛，遍及世界各地。疥疮较多发生于学龄前儿童及青年集体中，但亦可发生在其他年龄组。其感染方式主要是通过直接接触，如与患者握手，同床睡眠等，特别是在夜间睡眠时，疥螨在宿主皮肤上爬行和交配，传播机会更多。疥螨离开宿主后还可生存3—10天，并仍可产卵和孵化，因此也可通过患者的被服、手套、鞋袜等间接传播，公共浴室的休息更衣间是重要的社会传播场所。

许多哺乳动物体上的疥螨，偶然也可感染人体，但症状较轻。

尘　螨

螨在分类学上属于蛛形网的微小节肢动物，有5万多种，其形状似蜘蛛有8只脚，个体极微小，只有170～500微米长，人的肉眼是不易发现的，一般要借助放大镜和显微镜才能看到。与人类生活有关系的螨仅是少数几种，如屋尘螨、粉尘螨和宇尘螨等。尘螨分布广泛，屋尘螨主要孳生于卧室内的枕头、褥被、软垫和家具中。粉尘螨还可在面粉厂、棉纺厂及食品仓库、中药仓库等的地面大量孳生。尘螨是一种啮食性的自生螨，以粉末性物质为食，如动物皮屑、面粉、棉籽饼和真菌等。对于因尘螨过敏而导致的疾病，目前仍无理想的治疗办法，通常可采用尘螨浸

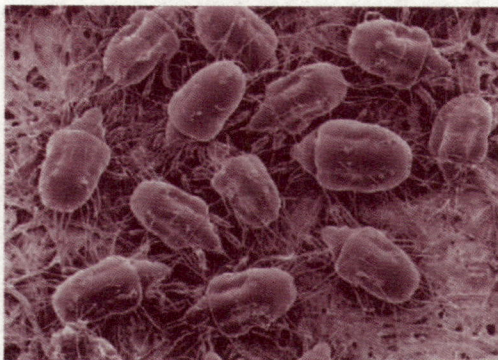

尘　螨

液进行减敏注射，使机体产生免疫耐受性，从而减轻症状和疾病的发作，一般疗效在 70% 左右。

尘螨的生活史分卵、幼虫、第一期若虫、第二期若虫和成虫 5 个时期。幼虫有足 3 对；第一若虫足 4 对，具生殖乳突 1 对；第二蠕虫足 4 对，据生殖乳突 2 对，生殖器官尚未发育成熟，其他特征基本与成虫相同；成虫 1—3 天内进行交配。雌虫一次生产可产卵 20~40 个，产卵期为 1 个月左右。雌螨存活 60 天左右，雌螨可长达 150 天。

尘螨腹面

尘螨分布呈全世界性，国内分布也极为广泛。尘螨性过敏发病因素很多，通常与地区、职业、接触和遗传等因素有关。

知识点

节肢动物

节肢动物，也称"节足动物"。动物界中种类最多的一门。身体左右对称，由多数结构与功能各不相同的体节构成，一般可分头、胸、腹 3 部，但有些种类头、胸两部愈合为头胸部，有些种类胸部与腹部未分化。体表被有坚厚的几丁质外骨骼。附肢分节。除自由生活的外，也有寄生的种类。包括甲壳纲（如虾、蟹）、三叶虫纲（如三叶虫）、肢口纲（如鲎）、蛛形纲（如蜘蛛、蝎、蜱、螨）、原气管纲（如栉蚕）、多足纲（如马陆、蜈蚣）和昆虫纲（如蝗、蝶、蚊、蝇）等。

延伸阅读

尘螨过敏的患病率

在世界各地，尤其是在亚洲、澳洲和欧洲，尘螨过敏的流行已接近或超过花粉过敏。某些地区的调查证实，低龄发病的哮喘患者对尘螨过敏的发病率可高达70%以上，有报告还证实80%以上的哮喘儿童和青少年对尘螨变应原皮试呈强阳性反应。根据韩国和印度的流行病学调查证实，在室内尘螨密度高的地区，其哮喘的发病率也相应增高；我国上海地区的调查也获得类似的结果。研究还发现，尘螨过敏发病率高的地区，病人血清中特异性免疫球蛋白的均值也显著增高。根据法国两个地区的调查，在海拔较高、尘螨密度低的地区，尘螨过敏的发病率很低。上述研究证实，哮喘的发病率与室内尘螨的密度有密切关系，并有一定地区差异。一般认为寒冷、内陆干燥地区及海拔较高的地区的发病率较低，温热带、沿海地区则发病率较高。全球的流行病学调查表明：80%以上哮喘患者对尘螨过敏，尤其新西兰和澳大利亚等国家，由于空气湿润，室内地面普遍铺厚纯羊毛地毯，或将羊皮作为婴儿睡垫，为尘螨的大量孳生提供的有利条件，是新西兰和澳大利亚等国家尘螨过敏和哮喘患病率上升的主要原因。

根足虫

根足虫分为灯海绵目、心室海绵科，俗称玻璃海绵，生存在白垩纪晚期，分布在欧洲。像根足虫这样的玻璃海绵生活在6 000米或更深的泥质基层中。

根足虫是根足纲原生动物。本纲动物有三种形式的伪足用于行动和消化：①细长的网状足，能黏结成网；②不黏合的丝状足，与网状足相似；③钝形手指状舌状伪足壳（保护骨架）。

根足虫呈漏斗状，是玻璃海绵中的一种，其结构与其他化石海绵的结构差异很大。它们硅化的骨骼有骨针的敞口式结构，其中4~6条线互成直角，从而形成一个长方形的网路。在玻璃海绵中，六辐海绵是一个很重要的属，根足虫是其中的一个成员，它们的形式多变。但有一共同的特征是它们的骨针的形式和壁上有许多被不规则排列的狭缝状的吸入排出沟所穿透。它们的基底是放射状"根"的固定器，根足虫的形状高窄的花瓶状到扁平敞口的蘑菇状均有。

知识点

磷 脂

磷脂，也称磷脂类、磷脂质，是含有磷酸的脂类，属于复合脂。磷脂组成生物膜的主要成分，分为甘油磷脂与鞘磷脂两大类，分别由甘油和鞘氨醇构成。磷脂为两性分子，一端为亲水的含氮或磷的尾，另一端为疏水（亲油）的长烃基链。由于此原因，磷脂分子亲水端相互靠近，疏水端相互靠近，常与蛋白质、糖脂、胆固醇等其他分子共同构成脂双分子层，即细胞膜的结构。

延伸阅读

海绵质

海绵质是多孔动物门中最大的1纲，骨骼为硅质和海绵质，硅质骨针中没有六辐骨针，但有大小之分。海绵质骨骼常与硅质骨针同时存在。本纲种类占海绵种类的一半以上，分布于潮间带、浅海到深达5 000米的海底；还有一类生活在淡水中。寻常海绵的水沟系都属于复沟型，海绵体没有中央腔。

硅质骨针是由氧化硅、锰、磷、铁、铝、钠、钾等构成，海绵质是由蛋白质构成的不溶性物质，具抗蛋白水解酶的特性。在角骨海绵的海绵质中，含有碘化合物。

对本纲的分类依据一般认为有：①体辐射状构造；②四轴骨针；③星形小骨针；④新月形小骨针（卷轴和爪状骨针）；⑤海绵质。莱维将本纲分为3个亚纲：①四放海绵亚纲，体辐射状构造，有四轴骨针，可行两性生殖，产生卵和精子；②角质海绵亚纲，无辐射状构造，大骨针单轴形，小骨针新月形，有海绵质纤维，生殖时排出实胚幼体；③同骨海绵亚纲，无辐射状构造，大骨针二辐型，无小骨针，有海绵质，骨针无严格的分布区，排出的幼体为囊胚型。

草履虫

草履虫是一种身体很小，圆筒形的原生动物，它只有一个细胞构成，是单细胞动物，雌雄同体。最常见的是尾草履虫，体长只有80～300微米。因为它身体形状从平面角度看上去像一只倒放的草鞋底而叫做草履虫。草履虫全身由1个细胞组成，体内有1对成型的细胞核，即营养核（大核）和生殖核（小核），进行有性生殖时，小核分裂成新的大核和小核，旧的大核退化消失，故称其为真核生物。

草履虫的身体表面包着一层膜，膜上密密地长着许多纤毛，靠纤毛的划动在水中旋转运动。它身体的一侧有1条凹入的小沟，叫"口沟"，相当于草履虫的"嘴巴"。口沟内的密长的纤毛摆动时，能把水里的细菌和有机碎屑作为食物摆进口沟，再进入草履虫体内，供其慢慢消化吸收。残渣由一个叫肛门点的小孔排出。草履虫靠身体的表膜吸收水里的氧气，排出二氧化碳。

草履虫属于动物界中最原始、最低等的原生动物。它喜欢生活在有机物含量较多的稻田、水沟或水不大流动的池塘中，以细菌和单细胞藻类为食。据估计，一只草履虫每小时大约能形成60个食物泡，每个食物泡中大约含有30个细菌，因此，一只草履虫每天大约能吞食43 000个细菌，它对污水有一定的净化作用。

草履虫喜欢生活在有机物丰富的池塘、水沟、洼地等。大多数草履虫是吞噬式营养，但绿草履虫是例外，因体内含共生绿藻，这种绿藻可利用动物体排泄的含氮废物作为无机盐的来源，通过植物式光合作用制造有机物。

知识点

生 殖 核

生殖核亦称原核。有雌前核（卵核）和雄原核（精核）之分。

生殖核是指纤毛虫类的小核。由于生殖时大核消失，仅小核进行活动，故有此名。

生殖核也是种子植物花粉内形成的生殖细胞，这是把细胞误认为核之词。

生殖核存在于正在发育的被子植物花粉管的核，通过有丝分裂产生两个雄性配子核，其中之一与卵细胞融合而形成合子。另一个则与胚囊中的两个极性核形成一个三倍体核；然后可能进行多次分裂形成胚乳种子（例如玉米）的胚乳（贮藏组织）。

延伸阅读

草履虫的养殖

草履虫是鱼幼苗生长必需的一种饵料。但其不易被发现，也很难捕捉，因此为补充其不足，应当人工饲养。其方法是：

取干稻草切成小段，直接浸泡于水中或煮后浸泡，用稻草浸出液作培养液。然后将浸过的稻草与水放进玻璃容器内，水占三分之二以上，置于光照充足的地方。再到腐殖质丰富的地方去取种源，那里的水质应比捞红虫的坑塘水质清。舀回一桶水，取部分水体装入无色透明的小瓶内，对阳光细心观察，可见有白色小点悬浮于水中。如果看不见小白点，应用力搅动桶水，再取中央部位的水装入小瓶，对准光线看有无小白点。如见有小白点悬浮水中飘忽不定，可将此水倒入培养液中。将温度控制在22℃~28℃之间，1个星期后便可发现有草履虫的幼体了。喂其煮熟的牛肉汁，大约0.5小时后分裂。

蓝 藻

　　蓝藻是原核生物，又叫蓝绿藻、蓝细菌。大多数蓝藻的细胞壁外面有胶质衣，因此又叫黏藻。在所有藻类生物中，蓝藻是最简单、最原始的一种。蓝藻是单细胞生物，没有细胞核，但细胞中央含有核物质，通常呈颗粒状或网状，染色质和色素均匀地分布在细胞质中。

　　该核物质没有核膜和核仁，但具有核的功能，故称其为原核（或拟核）。在蓝藻中还有一种环状DNA——质粒，在基因工程中担当了运载体的作用。和细菌一样，蓝藻属于"原核生物"，它和具原核的细菌等一起，单立为原核生物界。所有的蓝藻都含有一种特殊的蓝色色素，蓝藻就是因此得名。但是蓝藻也不全是蓝色的，不同的蓝藻含有一些不同的色素，有的含叶绿素，有的含有蓝藻叶黄素，有的含有胡萝卜素，有的含有蓝藻藻蓝素，也有的含有蓝藻藻红素。红海就是由于水中含有大量藻红素的蓝藻，使海水呈现出红色。

　　蓝藻细胞模式图蓝藻不具叶绿体、线粒体、高尔基体、中心体、内质网和液泡等细胞器，含叶绿

蓝藻

素 a，无叶绿素 b，含数种叶黄素和胡萝卜素，还含有藻胆素（是藻红素、藻蓝素和别藻蓝素的总称）。

蓝藻的繁殖方式有两类：①营养繁殖，包括细胞直接分裂（裂殖）、群体破裂和丝状体产生藻殖段等几种方法；②某些蓝藻可产生内生孢子或外生孢子等，以进行无性生殖。目前尚未发现蓝藻有真正的有性生殖。

藻毒素具有水溶性和耐热性。易溶于水，甲醇或丙酮，不挥发，抗 pH 值变化。MC－LR 的分子式为 $C_{49}H_{74}N_{10}O_{12}$，平均分子量为 995.2（计算时往往按 1 000 计）。它是一种肝毒素，这种毒素是肝癌的强烈促癌剂。蓝藻等藻类是鲢鱼的食物，可以通过投放此类鱼苗来治理藻类，防止藻类暴发。

知识点

线粒体

线粒体是人类于 1850 年发现，并于 1898 年命名。线粒体由两层膜包被，外膜平滑，内膜向内折叠形成嵴，两层膜之间有腔，线粒体中央是基质。基质内含有与三羧酸循环所需的全部酶类，内膜上具有呼吸链酶系及 ATP 酶复合体。线粒体能为细胞的生命活动提供场所，是细胞内氧化磷酸化和形成 ATP 的主要场所，有细胞"动力工厂"（power plant）之称。另外，线粒体有自身的 DNA 和遗传体系，但线粒体基因组的基因数量有限，因此，线粒体只是一种半自主性的细胞器。

延伸阅读

蓝藻的主要危害

在一些营养丰富的水体中，有些蓝藻常于夏季大量繁殖，并在水面形成一层蓝绿色而有腥臭味的浮沫，称为"水华"，大规模的蓝藻暴发，被称为"绿潮"（和海洋发生的赤潮对应）。绿潮引起水质恶化，严重时耗尽水中氧气而造成鱼类的死亡。更为严重的是，蓝藻中有些种类（如微囊藻）还会产生毒素（简称MC），大约50%的绿潮中含有大量MC。MC除了直接对鱼类、人畜产生毒害之外，也是肝癌的重要诱因。MC耐热，不易被沸水分解，但可被活性碳吸收，所以可以用活性碳净水器对被污染水源进行净化。

蓝藻等藻类是鲢鱼的食物，可以通过投放此类鱼苗来治理藻类，防止藻类暴发。

绿　藻

绿藻门是藻类植物中最大的一门，约有430属，6 700种。绿藻门一共有2个纲：绿藻纲和轮藻纲。有的学者将轮藻纲分出列为独立的一门。绿藻的分布很广，以淡水中为最多，流水和静水中都可见到。陆地上的阴湿处和海水中也有绿藻生长，有的和真菌共生形成地衣。

绿藻植物的细胞与高等植物相似，也有细胞核和叶绿体，有相似的色素、贮藏养分及细胞壁的成分。色素中以叶绿素a和叶绿素b最多，还有叶黄素和胡萝卜素，故呈绿色。贮藏的营养物质主要为淀粉和油类，叶绿体内有一至数个淀粉核。细胞壁的成分主要是纤维素。游动细胞有2或4条等长的顶生的尾鞭型的鞭毛。

绿藻的体型多种多样，有单细胞、群体、

绿　藻

丝状体或叶状体。繁殖的方式也多样，无性生殖和有性生殖都很普遍，有些种类的生活史有世代交替现象。绿藻门植物的繁殖有通过营养繁殖、无性植物繁殖的，而有性繁殖的方式多种多样。同配、异配和卵配都有存在，我们将在不同代表植物中加以介绍。

绿藻含有植物营养素，能支援体内第一期和第二期的解毒作用，而绿藻的独特细胞壁纤维则可充当离子交换树脂以围困和黏结毒性重金属（包括铅、镉及水银），有助于把这些毒素排出体外。

绿藻门的经济价值很高。绿藻中如石莼、礁膜、浒苔等历来是沿海人民广为采捞的食用海藻；海产扁藻、小球藻等单细胞绿藻繁生快，产量高，含有一定量的蛋白质、糖类、氨基酸和多种维生素，可做食品、饲料或提取蛋白质、脂肪、叶绿素和核黄素等多种产品；有的绿藻可作为药用，如小球藻、孔石莼等。此外，利用藻菌共生系统和活性藻的方法来处理生活污水和工业污水。

知识点

石 莼

石莼属于绿藻门，石莼目，石莼科，石莼属。亦称海白菜、海青菜、海莴苣、绿菜、青苔菜、纶布，属常见海藻。片状，近似卵形的叶片体由两层细胞构成，高 10~40 厘米，鲜绿色，基部以固着器固着于岩石上，生活于海岸潮间带，可供食用。生长在海湾内中、低潮带的岩石上，东海、南海分布多，黄海、渤海稀少，冬春采收，鲜食或漂洗晒干。

石莼干品每百克含水分 11.5 克，蛋白质 3.6 克，粗纤维 6.69 克，还含有维生素、有机酸、矿物质、麦角固醇等成分。

石莼味甘咸性寒，具有软坚散结、利水解毒等功效。用于喉炎、颈淋巴结肿、水肿、瘿瘤等病症。《本草纲目拾遗》载"下水，利小便"。孕妇及脾胃虚寒和有湿滞者忌食用。

→ 延伸阅读

丝藻属

丝藻属藻体为单条丝状体，由直径相同的圆筒形细胞上下连接而成，基部一般以单细胞的固着器固着，生长在岩石或木头上。细胞中央有一个细胞核，叶绿体环带形成筒状，位于侧缘，其上含有1个或数个蛋白核。丝状体一般为散生长，除基部固着器的细胞外，藻体的营养细胞都可进行分裂，产生细胞横隔壁进行横分裂。丝藻属能进行无性和有性繁殖。无性生殖时，除固着器细胞外，全部营养细胞均产生具4或2根鞭毛的游动孢子，1个细胞可产生2、4、8、16或32个游动孢子。游动孢子具眼点和伸缩泡，游动缓慢。其后以鞭毛的一端附着于基质，萌发形成一个基部固定器细胞，分裂延长为单列细胞的丝状体。有性过程为同配生殖，配子的产生过程和游动孢子一样，只是配子数量多。配子在水中游动然后成对结合，来自不同个体的配子之间，进行结合发生有性过程，称为异宗配合现象。合子经休眠及减数分裂后，产生游动孢子和静孢子，每个孢子长成一个新的植物体。

硅 藻

圆筒形硅藻

硅藻是一类最重要的浮游生物，分布极其广泛。在世界大洋中，只要有水的地方，一般都有硅藻的踪迹，尤其是在温带和热带海区。因为硅藻种类多、数量大，因而被称为海洋的"草原"。硅藻是一类具有色素体的单细胞植物，常由几个或很多细胞个体连接成各式各样的群体。

硅藻门有 100 000 多种，可分为 2 纲：中心硅藻纲，呈圆形，辐射对称，壳面上的花纹自中央一点向四周呈辐射状排列，海产多；羽纹硅藻纲，呈长形或舟形，花纹排列成两侧对称，表面有线纹、肋纹、纵裂缝（壳缝），壳面中央呈加厚状，称中央节，在两端称端节。

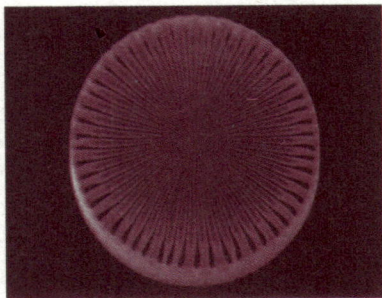

植物体单细胞或连接成丝状体、群体。细胞壁是由 2 个套合的半片组成，称半片为瓣。硅藻的半片称上壳（在外）、下壳（在内），上下壳均有一凸起的面称壳面。侧面或壳边是两个瓣套合的地方，环绕一周称环带。上壳和下壳都是有果胶质和硅质组成的，没有纤维素。载色体 1 至多数，小盘状、片状。色素主要有叶绿素 a、叶绿素 c、β－胡萝卜素、α－胡萝卜素和叶黄素。叶黄素类中主要含有墨角藻黄素，其次是硅藻黄素和硅甲黄素。藻体呈橙黄色、黄褐色，同化产物为金藻昆布糖和油。营养体无鞭毛，精子具鞭毛，为茸鞭型。

硅藻是一种水生的单细胞生物，它的细胞壁上有大量的气孔，使其兼具小质量和坚固的结构，像雪花一样，硅藻的细胞壁有多种形态。

硅藻

FANGDAHOU DE WEIGUAN SHIJIE

知识点

浮游生物

浮游生物，在海洋、湖泊及河川等水域的生物中，自身完全没有移动能力，或者有也非常弱，因而不能逆水流而动，而是浮在水面生活，这类生物总称为浮游生物。这是根据其生活方式的类型而划定的一种生态群。而不是生物种的划分概念。

>>> 延伸阅读

硅藻释放氧气

硅藻靠光合作用将海水中的无机物合成自身需要的有机物。硅藻色素包括叶绿素 a、叶绿素 C_1、叶绿素 C_2、以及胡萝卜素。它们能吸收太阳光的能量，将细胞中的水分解，使水分子上的一个氢原子分离出来，一部分有利的氢原子和二氧化碳化合经过复杂的化学变化后就产生了糖和淀粉，这就是光合作用。这些物质再和细胞吸收的氮、磷、硫等物质进一步作用，氧就形成了蛋白质和脂肪等物质。游离出的部分氢原子每两个和一个氧原子结合形成了水，氧分子中的另一个氧原子就从细胞里跑出来溶解到水里或者跑到大气里去了。地球上有 70% 的氧气是浮游植物释放出来的，浮游生物每年制造的氧气就有 360 亿吨，占地球大气氧含量的 70% 以上。由于硅藻数量又占浮游生物数量的 60% 以上，这样可以推算，假设现在地球上没有硅藻了，不用 3 年，地球上的氧气就耗干了，动物和人类也就都没法呼吸了。

变形虫

变形虫属于单细胞生物，又音译为"阿米巴"。细胞膜纤薄，由于原生质的流动，使身体表面生出无定形的指状、叶状或针状的突起，称为"伪足"，身体即借此而移动。身体的形状轮廓也会随伪足的伸缩而有变化。伪足间可自由包围融合，借此包裹事物进行消化。自然界常见的为大变形虫。

在长有水草的池塘中取水，连同水草和腐烂的茎叶一起采集。将池水和水草在没有阳光的地方放置 3—5 天，液面上便会有黄色泡沫浮现，此时便可从泡沫处发现变形虫。变形虫之所以能改变形状，是因为细胞膜没有细胞骨架、膜骨架。变形虫有伸出伪足的能力，所以造成细胞质流动，因此形态不固定。

变形虫通常在污水、池塘或湿土中生活，当它捕食、运动和抗敌时，细胞质便伸出去，形成"伪足"。这个伪足可以从身体的任何一部位延伸出来，而且各条伪足经常在伸缩着，因此它的形态也就经常变换，不能定形。

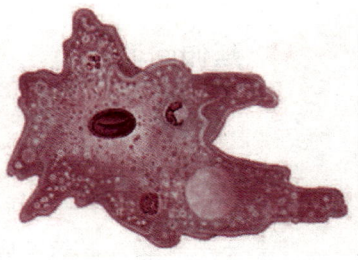

变形虫

自古以来，各种动物死了之后，都留下自己的尸体，然而变形虫却死不留尸！原来，当变形虫长大之后，就开始繁殖，由一个分裂而变成两个。这样，老的变形虫就消失了。难怪科学家称变形虫为"永远不死"的动物，或者称之为"永生的虫"。

变形虫是一种极小的原生动物，全身直径通常只有 0.1 毫米，最大的变形虫直径也只有 0.4 毫米，用肉眼看，不过是一个模模糊糊的小白点。因此，要看清它的构造，非请显微镜帮忙不可。变形虫这一家族有不少种类，例如在海水中生活的有孔虫、夜光虫、放射虫，在淡水中生活的有太阳虫、变形虫，在人体和动物体内寄生的有疟原虫、痢疾内变形虫。痢疾内变形虫寄生在人的大肠里，能溶解肠壁上的细胞，引起"阿米巴痢疾"，危害人体健康，所以不能小看它。变形虫等原生动物，可以用来作为判定水质污染程度的指标动物。

知识点

细胞膜

细胞膜又称细胞质膜。细胞表面的一层薄膜。有时称为细胞外膜或原生质膜。细胞膜的化学组成基本相同，主要由脂类、蛋白质和糖类组成。各成分含量分别约为 50%、42%、2% ~ 8%。此外，细胞膜中还含有少量水分、无机盐与金属离子等。

····→ 延伸阅读

变形虫不老的原因

变形虫为什么可以无限地分裂生长下去呢？最主要的原因是它一生中没有发生过细胞的分化，进行新陈代谢和维持生命活动的各种代谢菌系统均完整地存在于一个细胞之中，使其细胞本身就是一个独立存在的生命实体，而且其后代永远保持这种生命的特性，即由一个细胞保持完整的代谢功能。

蜱

蜱（音 pí）虫属于寄螨目、蜱总科。成虫在躯体背面有壳质化较强的盾板，通称为硬蜱，属硬蜱科；无盾板者，通称为软蜱，属软蜱科。全世界已发现的 800 余种，计硬蜱科约 700 多种，软蜱科约 150 种，纳蜱科 1 种（仅存于欧洲）。中国已记录的硬蜱科约 100 种，软蜱科 10 种。蜱是许多种脊椎动物体表的暂时性寄生虫，是一些人兽共患病的传播媒介和贮存宿主。

蜱虫虫体椭圆形，未吸血时腹背扁平，背面稍隆起，成虫体长 2 ~ 10 毫米；饱血后胀大如赤豆或蓖麻籽状，大者可长达 30 毫米。表皮革质，背面或具壳质化盾板。虫体分颚体和躯体两个部分。颚体也称假头，位于躯体前端，从背面可见到，由颚基、螯肢、口下板及须肢组成。颚基与躯体的前端相连接，是一个界限分明的骨化区，呈六角形、矩形或方形；雌蜱的颚基背面有 1 对孔区，有感觉及分泌体液帮助产卵的功能。螯肢 1 对，从颚基背面中央伸出，是重要的刺割器。口下板 1 块，位于螯肢腹面，与螯肢合拢时形成口腔。口下板腹面有倒齿，为吸血时固定于宿主皮肤内的附着器官。螯肢的两侧为须肢，由 4 节组成，第四节短小，嵌出于第三节端部腹面小凹陷内。躯体呈袋状，大多褐色，两侧对称。雄蜱盾板几乎覆盖着整个背面，雌蜱的盾板则仅占体背前部的一部分，有的蜱在盾板后缘形成不同花饰称为缘垛。腹面有足4对，每足6节，即基节、转节、股节、胫节、后跗节和跗节。基节上通常有距。足I跗节背缘近端部具哈氏器，有嗅觉功能，末端有爪1对及垫状爪间突1个。

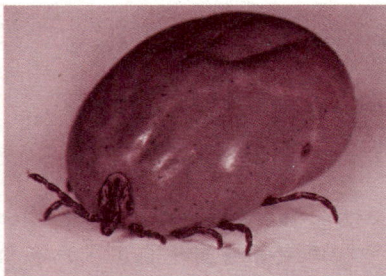

圆滚滚的蜱虫

蜱虫的生殖孔位于腹面的前半，常在第II、III对足基节的水平线上。肛门位于躯体的后部，常有肛沟。气门一对，位于足IV基节的后外侧，气门板宽阔。雄蜱腹面有几丁质板，其数目因蜱的属种而不同。

蜱虫蛰伏在浅山丘陵的草丛、植物上，或寄宿于牲畜等动物皮毛间。不吸血时，小的干瘪如绿豆般大小，也有极细如米粒的；吸饱血液后，有饱满的黄豆大小，大的可达指甲盖大。蜱叮咬的无形体病属于传染病，人对此病普遍易感，与危重患者有密切接触、直接接触病人血液等体液的医务人员或其陪护者，如不注意防护，也可能感染。

该寄生虫极其喜欢皮毛丛密的动物，尤其喜欢黄牛，经常可以在黄牛的脖子下方、四腿内侧发现其身影，多时会聚集成群，并且非常不容易剔除。在四川、云南、贵州等地农村极为常见。

知识点

螯 肢

螯肢属于螯肢亚门动物头部第一对附肢，相当于其他节肢动物的大颚，第二对是足须相当于小颚（第一小颚），但这些也有认为是相当于各种甲壳类的第二触角及大颚。螯肢由2~3节构成，多数成为适于捕捉的钳状构造，有的还在末端钩尖内面具毒腺开口。

延伸阅读

蜱虫进入人体过程

蜱虫普遍出现在山区，有植物与动物的地方它就会出现，大别山境内安徽省金寨县也有同类的蜱虫，通常都是通过动物或者植物转移到人身上的，不一定每一种蜱虫都带有病原体。

蜱虫在家禽和牛的身上经常被发现，蜱虫在出生时特别小，类似于指甲盖里面灰尘黑点一样。不是很容易发现，这种蜱虫通常情况下是不容易进入人身体里面的，都是通过皮肤接触、吸血、最终将身体内血吸满变成圆形后都会滚落到地上，这些血至少可以让蜱虫消化好几天，通过这样动物与人的接触就容易使蜱虫进入人体吸血，曾经在位于大别山区安徽省金寨县铁冲乡皂河村学生身上出现过，体形很小不容易被发现，这种蜱虫也会生存在植物叶子或者颈上通过人体腿部与植物的接触进入人体。通常被吸过血后人体会出现红斑、特别痒，时间久了人就会将患处抓破导致感染。

能吃的微生物

如今，食品安全问题已经被人们提上议程，人们也越来越关心自己的食品安全问题。

食品安全问题主要来自三方面的威胁：物理性危害、化学性危害、生物性危害。物理性危害多为异物混入食品所致，如：玻璃、金属碎片。化学性危害则是近年来我国食品安全事件中被关注最多的因素，如：苏丹红、瘦肉精、三聚氰胺、农药残留等。生物性危害通常被大众忽视，它主要包括细菌、病毒、霉菌、寄生虫。

但是在自然界中，许多微生物不像细菌、病毒、寄生虫那样对食品有害，反而是有益的，正是有了它们的存在，才能让我们人类品尝到更多美味的食物。

好食脉孢菌

好食脉孢菌是脉孢菌属，因子囊孢子表面有纵形花纹，犹如叶脉而得名，又称链孢霉。

好食脉孢菌具有疏松网状的长菌丝，有隔膜、分枝、多核；无性繁殖形成分生孢子，一般为卵圆形，在气生菌丝顶部形成分枝链，分生孢子呈橘黄色或粉红色,常生在面包等淀粉性食物上,故俗称红色面包霉。

脉孢菌的有性过程产生子囊和子囊孢子,属异宗配合。一株菌丝体形成子囊壳原,另一株菌丝体的菌丝与子囊壳原的菌丝结合,两株菌丝中的核在共同的细胞质中混杂存在,反复分裂,形成很多核;两个异宗的核配对,形成很多二倍体核,每个结合的核包在一个子囊内;子囊里的二倍体核经两次分裂形成 4 个单倍体核;再经一次分裂,则成为 8 个单倍体核,围绕每个核发育成一个子囊孢子。每个子囊中有 8 个子囊孢子。

此时,子囊壳原发育成子囊壳。子囊壳圆形,具有一个短颈,光滑或具松散的菌丝,褐色或褐黑色,在一般情况下,脉孢菌很少进行有性繁殖。

脉孢菌是研究遗传学的好材料。因为它的子囊孢子在子囊内呈单向排列,表现出有规律的遗传组合。

如果用两种菌杂交形成的子囊孢子分别培养,可研究遗传性状的分离及组合情况,在生化途径的研究中也被广泛应用。

此外,菌体内含有丰富的蛋白质、维生素 B_{12} 等,有的用于发酵工业。最常见的菌种如粗糙脉孢菌、好食脉孢菌。

知识点

二倍体

凡是由受精卵发育而来,且体细胞中含有两个染色体组的生物个体,均称为二倍体。可用 2n 表示。人和几乎全部的高等动物,还有一半以上的高等植物都是二倍体。

染色体倍性是指细胞内同源染色体的数目,只有一组称为"单套"或"单倍体",两组称为"双套"或"双倍体"。

多倍体又分异源多倍体和单源多倍体,前者的染色体来自不同种。

在双套生物中,有一个过程,将双倍体的细胞分裂成单倍体,使配子结合后的合子为双倍体,称为减数分裂。

有些生物以倍性来作决定性别：雌性为双倍体，雄性为单倍体。

有些生物是多倍体，有多于两套染色体，譬如金鱼、鲑鱼、蚂蟥、扁形虫、有尾目和蕨类植物。多套的动物通常都是低等动物，孤雌生殖居多。

在人类中，只有精子和卵子是单倍体，其他细胞都是双倍体。如果一个人类胚胎部分染色体为多倍体，多数不能正常发育，但如果是性染色体是多倍体（XXX 或 XYY）、三套第二十一对染色体（唐氏综合征）、三套第十八对染色体（爱德华症）、三套第十三对染色体（巴陶症），则有机会长大成人。

➤➤ 延伸阅读

微生物的世界地位

当人类在发现和研究微生物之前，把一切生物分成截然不同的两大界——动物界和植物界。随着人们对微生物认识的逐步深化，从两界系统经历过三界系统、四界系统、五界系统甚至六界系统，直到 20 世纪 70 年代后期，美国人 Woese 等发现了地球上的第三生命形式——古菌，才导致了生命三域学说的诞生。该学说认为生命是由古菌域、细菌域和真核生物域所构成。

除动物和植物以外，其他绝大多数生物都属微生物范畴。由此可见，微生物在生物界级分类中占有特殊重要的地位。

⬢ 梭状芽孢杆菌

梭状芽孢杆菌为厌氧性革兰阳性杆菌，罐装食品中引起腐败的主要菌种，解糖嗜热梭状芽孢杆菌可分解糖类引起罐装水果、蔬菜等食品的产气性变质。腐败梭状芽孢杆菌可以引起蛋白质食物的变质，肉类罐装食品中最重要的是肉毒梭状芽孢杆菌，其芽孢产生在菌体的中央或极端，芽孢耐热性极大，能产生很强的毒素。

梭状芽孢杆菌属的成员在自然界中是一种非常独特的种类，当其进入到反刍动物体内时，常会引起肌肉和软组织感染、肠道疾病和神经中毒性疾病。梭状芽孢杆菌引起反刍动物发病的机理通常是间接地通过其产生的一种或多种毒素（毒蛋白质）来致病。

梭状芽孢杆菌会引起破伤风，潜伏期为几天到几周，典型的表现为肌肉活动的兴奋与抑制失调，造成的苦笑面容和角弓反张等临床表现。

梭状芽孢杆菌的致病性

（1）致病条件：该菌由伤口侵入人体，局部伤口需具备厌氧条件，即伤口窄而深，有泥土或异物污染；大面积创伤，坏死组织多，局部组织缺血；同时有需氧菌或兼性厌氧菌混合感染的伤口，均易造成厌氧微环境。

（2）致病机制：主要有赖于产生的破伤风痉挛毒素。

①该毒素为神经毒素，当释出菌体时，被细菌蛋白酶裂解为轻链和重链，其中轻链为毒性部分，重链具有结合神经细胞和转运毒素分子的作用；

②重链通过其羧基端识别神经肌肉结点处运动神经元外胞质膜上的受体并与之结合，促使毒素进入细胞，在细胞膜形成的小泡中；

③小泡从外周神经末梢沿神经轴突逆行向上，到达运动神经元细胞体，通过跨突触运动，小泡从运动神经元进入传入神经末梢，从而进入中枢神经系统；

④然后通过重链 N 端的介导产生膜的转位使轻链进入胞质。轻链为一种锌内肽酶，可裂解储存有抑制性神经介质（γ－氨基丁酸）小泡上膜蛋白特异

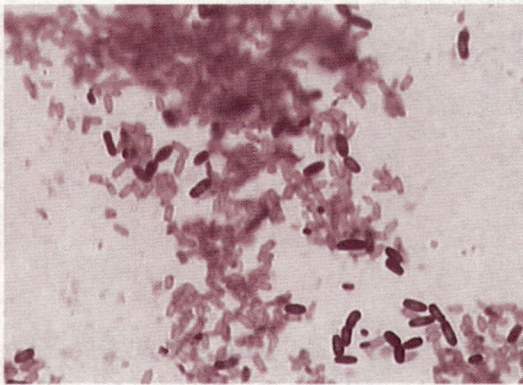

产气荚膜梭菌

性肽键，使小泡膜蛋白发生改变，从而阻止抑制性神经介质的释放。

疾病防治

（1）一般预防：对伤口清创扩创，防止形成厌氧微环境。

（2）特异性预防：对3—6个月的儿童，用百白破三联疫苗进行免疫接种。对伤口污染严重而又未经过基础免疫者，可立即注射精制破伤风抗毒素进行被动免疫作为紧急预防。同时，还可注射破伤风类毒素做主动免疫。

（3）特异性治疗：对已感染者，应早期、足量使用破伤风抗毒素。抗菌治疗可采用四环素、红霉素等。

知识点

厌 氧

厌氧又称绝氧。

一个生物体或细胞能在分子氧缺乏或不存在下生长；不需要游离氧能生长的一种微生物，如脱硫弧菌。

厌氧菌是人体内主要的正常菌群，类杆菌属在口腔、肠道、泌尿道、女性生殖道最多；梭形杆菌主要存在于上呼吸道和口腔；消化球菌和消化链球菌存在于肠道、口腔、阴道和皮肤；丙酸杆菌常存在于皮肤、上呼吸道和阴道；韦永球菌则存在于口腔、上呼吸道、阴道和肠道。

厌氧菌感染近年来已受到外科医师的重视，在外科感染中厌氧菌的检出率至少在50%以上。根据中山医院的资料，厌氧菌在腹部感染中的检出率为60.67%，在阑尾脓肿、阑尾切除术后切口化脓中占70.58%。厌氧菌不仅可引起严重的胸腹部感染和脓肿，而且很多严重的软组织坏死性感染几乎都与厌氧菌有关。

FANGDAHOU DE WEIGUAN SHIJIE

延伸阅读

微生物学检查

应该尽早诊断病情，这一点极为重要，可避免病人截肢或死亡。从深部创口取材直接涂片染色，镜检有荚膜的革兰阳性大杆菌，白细胞少且形态不典型，并伴有其他杂菌是气性坏疽的三个特征。分离培养可取坏死组织制成悬液，接种血平板、牛奶培养基或庖肉培养基，厌氧培养，观察生长情况，取培养物涂片镜检。动物试验可取细菌培养液静脉注射小鼠，10 分钟后处死，置 37℃经 5—8 小时，如动物躯体膨胀，取肝或腹腔渗出液涂片镜检并分离培养。

巨大芽孢杆菌

巨大芽孢杆菌，又称革兰阳性菌，属于芽孢杆菌属。它能够形成芽孢，其芽孢的抗辐射能力是大肠杆菌的 36 倍。工业上用于生产葡萄糖异构酶，同时也是有机磷的分解菌，因此，在农业上可用于制造磷细菌肥料。应用作物：生姜、兰花；防治对象：生姜细菌性青枯病、兰花炭疽病病。

巨大芽孢杆菌杆状，末端圆。单个或呈短链排列。（1.2～1.5）微米×（2.0～4.0）微米。能运动。革兰氏阳性。芽孢（1.0～1.2）微米×（1.5～2.0）微米，椭圆形，中生或次端生。液化明胶慢、胨化牛奶、水解淀粉、不还原硝酸。巨大芽孢杆菌为产孢杆菌，且为革兰阳性菌及好氧菌，也为常见的油中腐生菌。

通过比较巨大芽孢杆菌和拮抗菌的芽孢形成率，从而确定了兰花炭疽病拮抗菌的菌株产芽孢的最佳培养条件（质量分数）：碳源为玉米粉 1%、氮源为大豆蛋白胨 1%。培养基初始接种量 8%、pH 值为 6、种龄 20 小时、装量 30 毫升（250 毫升三角瓶）。培养温度 30℃，摇床转速 200 r/min，发酵时间 48 小时。优化后芽孢形成率达到 95%，最终生物量为 1.92×10^9 毫升。

从生姜田土分离的细菌 B1301 鉴定为巨大芽孢杆菌。在盆栽条件下，

B1301 处理种姜能够有效地防治由茄伯克氏菌引起的生姜细菌性青枯病，在种姜带菌率小于 5％ 的情况下，防治效果在 75％ 以上；B1301 可在生姜块茎周围有效定殖，并能有效地降低青枯病菌的群体数量；也能从老块茎向新块茎转移。B1031 通过抗菌物质以及竞争作用达到防治病害的目的。生防菌主要通过在植物根际定殖、分泌抗菌物质和营养竞争而拮抗病原菌。芽孢是细菌在其生长后期在细胞内形成的一个圆形或椭圆形的抗逆性休眠体。芽孢具有极强的抗热、抗辐射、抗化学药物和抗静水压等一些特殊的性质。由于芽孢较其营养体细胞易保藏、复活率高，是制备生防菌制剂的理想存在形式，因此对芽孢形成条件的研究具有重要的实际意义。本实验室以胶胞炭疽菌为指示菌筛选得到了一系列对兰花炭疽病具拮抗作用的细菌菌株，对其中活性较高的巨大芽孢杆菌的菌株产芽孢条件进行摸索，以提高其对不良环境因素的抗性，延长制剂保存期，稳定活性，为防治兰花炭疽病的拮抗细菌进入工业化生产提供理论依据。

知识点

腐生菌

腐生菌属于营腐生生活的微生物。它们从已死的动、植物或其他有机物吸取养料，以维持自身正常生活的一种生活方式。很多细菌和真菌属于此类。如枯草杆菌、根霉、青霉、蘑菇、木耳等。以腐生方式生活的微生物，如按其所需要的氮源、碳源来分，则属于化能异养型微生物。

腐生菌是一类靠动植物尸体和腐败物质的有机质为生的有机体。腐生菌分泌多种酶可从体外消化这些有机质，然后吸收所形成的低分子量化合物。腐生菌包括许多真菌和细菌。

腐生菌菌群（TGB）极其普遍地存在于石油、化工等工业领域的水循环系统中，其繁殖时产生的黏液极易因产生氧浓差而引起电化学腐蚀，并会促进硫酸盐还原菌（SRB）等厌氧微生物的生长和繁殖，有恶化水质、增加水体黏度、破坏油层和腐蚀设备等多重副效反应。

···▶ 延伸阅读

菌株分类

　　菌株又称品系，表示任何由一个独立分离的单细胞（即单个病毒粒子）繁殖而成的纯种群体及其后代。因此，一种微生物的每一个不同来源的纯培养物均可称为该菌种的一个菌株。根据菌株的定义，菌株实际上是某一微生物达到"遗传性纯"的标志，一旦菌株发生变异，均应标上新的菌株名称。当进行菌种保藏、筛选或科学研究时，在进行学术交流或发表论文时，在利用菌种进行生产时，都必须同时标明该菌种及菌株名称。菌株间在某些特性上存在着或多或少的差异，有一定的编号。如生产蛋白酶的为枯草杆菌1398，生产淀粉酶的为枯草杆菌7658，同M属枯草杆菌，但其作用不同，具有典型特征的菌株为标准株，是国际和国内所公认的。可供细菌鉴定或研究、生产上对比使用，如筛选青霉素的标准株是金黄色葡萄球菌209P；结核杆菌强毒标准株是H37RV等。可以通过检测、培养基的菌落、发酵方式。

◆ 乳酸菌

　　乳酸菌指发酵糖类主要产物，为乳酸的一类无芽孢、革兰染色阳性细菌的总称。

　　凡是能从葡萄糖或乳糖的发酵过程中产生乳酸的细菌统称为乳酸菌。这是一群相当庞杂的细菌，目前至少可分为18个属，共有200多种。除极少数外，其中绝大部分都是人体内必不可少的且

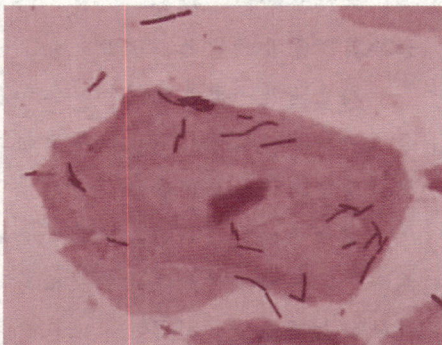

乳酸菌

具有重要生理功能的菌群，其广泛存在于人体的肠道中。目前已被国内外生物学家所证实，肠内乳酸菌与健康长寿有着非常密切的直接关系。

乳酸菌是一种存在于人类体内的益生菌。乳酸菌能够将碳水化合物发酵成乳酸，因而得名。益生菌能够帮助消化，有助人体肠脏的健康，因此常被视为健康食品，添加在酸奶之内。在人体肠道内栖息着数百种的细菌，其数量超过百万亿个。其中对健康有益的叫益生菌，以乳酸菌、双歧杆菌等为代表；对人体健康有害的叫有害菌，以大肝杆菌、产气荚膜梭状芽孢杆菌等为代表。益生菌是一个庞大的菌群，有害菌也是一个不小的菌群，当益生菌占优势时（占总数的80％以上），人体则保持健康状态，否则处于亚健康或非健康状态。长期科学研究结果表明，以乳酸菌为代表的益生菌是人体必不可少的且具有重要生理功能的有益菌，它们数量的多和少，直接影响到人的健康与否，直接影响到人的寿命长短，科学家长期研究的结果证明，乳酸菌对人的健康与长寿非常重要。

酸　奶

乳酸菌大多数不运动，少数以周毛运动，菌体常排列成链。乳酸链球菌族，菌体球状，通常成对或成链。乳酸杆菌族，菌体杆状，单个或成链，有时成丝状，产生假分枝。

乳酸菌多数为同型发酵，如链球菌属，是与人类关系密切的重要菌群，有些菌是人和温血动物的致病菌；有些是人体的正常菌群存在于口腔和肠道；有些是乳制品及植物发酵食品中的常用菌，常在食品工业中使用，如乳链球菌。少数为异型发酵，如肠膜状明串珠菌是制药工业上生产右旋糖酐（代血浆）的重要菌种，但也是制糖工业的一种害菌，常使糖汁发黏稠而无法加工。

大多是工业上尤其是食品工业上的常用菌种，存在于乳制品，发酵植物食品如泡菜、酸菜，青贮饲料及人的肠道（尤其是幼儿肠道）中。乳酸菌发酵原理是在酶的催化作用下将葡萄糖转化为乳酸，同时放出能量提供给其自身生命活动。

工业生产乳酸常用高温发酵菌。例如德氏乳酸杆菌，最适生长温度为45℃，此菌在乳酸制造（如：制造陈醋、酸奶等）和乳酸钙制造工业上广泛应用。

知识点

益生菌

益生菌，源于希腊语"对生命有益"，它们是定植于人体肠道内，能产生确切健康功效的活的有益微生物的总称。

益生菌是指改善宿主微生态平衡而发挥有益作用，达到提高宿主健康水平和健康状态的活菌制剂及其代谢产物，益生菌存在于地球上的各个角落里面，动物体内有益的细菌或真菌主要有：酪酸梭菌、乳酸菌、双歧杆菌、放线菌、酵母菌等。

目前世界上研究的功能最强大的产品主要是以上各类微生物组成的复合活性益生菌。

延伸阅读

乳酸菌类型

乳酸菌大体上可分为两大类。一类是动物源乳酸菌，一类是植物源乳酸菌。因为动物源取自动物，因菌种常处于相对不稳定状态，其生物功效也较不稳定，且在大量食用时，很容易导致人体动物蛋白过敏，即排斥反应。而植物源乳酸菌，因为取自植物易被人体认可，不论摄取多大的量，人体不会产生异体蛋白排斥反应，且植物源乳酸菌比动物源者更具有活力，能比动物源多8倍的数量到达人体小肠内定植，从而发挥其强大而稳定的生物功效。

其实普通的乳酸菌，活力极弱，它们只能在相对受限制的环境中存活，一但脱离这些环境，其自身也会遭到灭亡。只有经过特殊工艺处理的乳酸菌才能到达肠道。进入肠内的乳酸菌，必须具备数量多、活力强，才能发挥其生物功效。如何研制出高浓度且活力强的乳酸菌，成为了当今微生物学家们追求的梦想。

醋酸杆菌

醋酸杆菌是一类能使糖类和酒精氧化成醋酸等产物的短杆菌。醋酸杆菌没有芽孢，不能运动，好氧，在液体培养基的表面容易形成菌膜，常存在于醋和醋的食品中。工业上可以利用醋酸杆菌酿醋、制作醋酸和葡萄糖酸等。

醋酸杆菌的细胞椭圆或短杆，（0.8 ~ 1.2）微米 ×（1.5 ~ 2.5）微米，单生、成对偶尔成短链，细胞端尖或平，革兰阳性。运动，亚极生的单鞭毛或两根鞭毛。不产芽孢。极端严格好氧，化能无机营养，氧化氢、还原 CO_2 生成乙酸，也可营化能有机营养，发酵果糖和其他底物几乎只产生乙酸，乙酸是代谢的有机终产物，不产生接触酶。最适生长温度 30℃，广泛分布于水生的厌氧环境中。

参与醋酸发酵的微生物主要是细菌，统称为醋酸细菌。它们之中既有好氧性的醋酸细菌，例如纹膜醋酸杆菌、氧化醋酸杆菌、巴氏醋酸杆菌、氧化醋酸单胞菌等；也有厌氧性的醋酸细菌，例如热醋酸梭菌、胶醋酸杆菌等。

厌氧性的醋酸细菌进行的是厌氧性的醋酸发酵，其中热醋酸梭菌能通过 EMP 途径发酵葡萄糖，产生 3M 醋酸。研究证明该菌只有丙酮酸脱羧酶和 COM，能利用 CO_2 作为受氢体生成乙酸。好氧性的醋酸发酵是制醋工业的基础。制醋原料或酒精接种醋酸细菌后，即可发酵生成醋酸发酵液供食用，醋酸发酵液还可以经提纯制成一种重要的化工原料——冰醋酸。厌氧性的醋酸发酵是我国用于酿造糖醋的主要途径。

知识点

酶

酶，早期是指在酵母中的意思，指由生物体内活细胞产生的一种生物催化剂。大多数由蛋白质组成（少数为RNA）。能在机体中十分温和的条件下，高效率地催化各种生物化学反应，促进生物体的新陈代谢。生命活动中的消化、吸收、呼吸、运动和生殖都是酶促反应过程。酶是细胞赖以生存的基础。细胞新陈代谢包括的所有化学反应几乎都是在酶的催化下进行的。

延伸阅读

醋酸杆菌的作用

好氧性的醋酸发酵是制醋工业的基础。制醋原料或酒精接种醋酸细菌后，即可发酵生成醋酸发酵液供食用，醋酸发酵液还可以经提纯制成一种重要的化工原料——冰醋酸。厌氧性的醋酸发酵是我国用于酿造糖醋的主要途径。

醋是人们生活中不可缺少的调味品。烧鱼时放一点醋，可以除去腥味；有些凉拌菜加醋后不但能杀菌，味道会更加鲜，增进食欲、帮助消化。利用微生物造醋我国从古代就有记载，《齐民要术》中就记载了30多种不同的做醋方法。镇江香醋、山西陈醋，都是驰名中外的佳品。

醋是由醋酸杆菌发酵产生的。生产醋的酿造过程和酒基本相似，这种细菌能将酒进一步氧化成醋酸。造酒时如果条件掌握不好，醋酸杆菌就会将美酒变成醋酸。所以，酿酒师傅总是把酒桶盖的严严实实，不让醋酸杆菌混入酒桶。

醋酸的酸味很强烈，家庭用的食醋中只含有3%～6%的醋酸。在发酵过程中，细菌还能产生一些诸如乙酸乙醋一类的产物，使醋有好闻的香气。

利用醋酸杆菌对水果进行发酵还能制造出易贮藏、又好吃的甜食果脯。